普通高等教育“十三五”规划教材

Visual Basic 6.0
水利工程应用

蒋水华　王怀章　编著

中国水利水电出版社
www.waterpub.com.cn
·北京·

内 容 提 要

本书从控件使用与设计、代码设计与编写、软件开发与管理等入手，以水利工程规划、设计计算、组织管理为主线，阐述了水利工程 Visual Basic 6.0 软件设计过程、思路、技巧和方法。主要介绍了 Visual Basic 6.0 环境与管理，程序设计基础，代码设计，过程与图形应用，对话框、菜单与工具栏及应用，Visual Basic 6.0 全方位管理等。每一章均提供了大量的水利工程算例，并详细介绍了相应程序的设计思路、计算步骤和使用方法，可以帮助读者将理论知识与工程实际有机结合，提高水利工程设计质量和效率。另外，本教材还配套了一定数量的复习题、模拟试题及上机操作训练题等，可以帮助读者，特别是在校大学生加深理论知识理解、拓宽课程学习视野和备考 Visual Basic 全国计算机等级考试。

本书适用于水利水电工程、农业水利工程和土木工程等相关专业教师和本科生使用，也可作为高等院校相关专业本科生的教材和学习参考书。本书内容较为丰富、实用性较强，计算程序应用价值较大，也可供水利水电行业和其他相关行业的工程设计从业人员参考使用。

图书在版编目（CIP）数据

Visual Basic 6.0水利工程应用 / 蒋水华，王怀章编著. -- 北京 : 中国水利水电出版社，2019.12
普通高等教育“十三五”规划教材
ISBN 978-7-5170-3576-3

Ⅰ. ①V… Ⅱ. ①蒋… ②王… Ⅲ. ①BASIC语言－程序设计－应用－水利工程－高等学校－教材 Ⅳ. ①TV-39

中国版本图书馆CIP数据核字(2019)第293647号

书　　名	普通高等教育“十三五”规划教材 **Visual Basic 6.0 水利工程应用** Visual Basic 6.0 SHUILI GONGCHENG YINGYONG
作　　者	蒋水华　王怀章　编著
出版发行	中国水利水电出版社 （北京市海淀区玉渊潭南路 1 号 D 座　100038） 网址：www.waterpub.com.cn E-mail：sales@waterpub.com.cn 电话：(010) 68367658（营销中心）
经　　售	北京科水图书销售中心（零售） 电话：(010) 88383994、63202643、68545874 全国各地新华书店和相关出版物销售网点
排　　版	中国水利水电出版社微机排版中心
印　　刷	清淞永业（天津）印刷有限公司
规　　格	184mm×260mm　16 开本　11.5 印张　271 千字
版　　次	2019 年 12 月第 1 版　2019 年 12 月第 1 次印刷
印　　数	0001—1500 册
定　　价	**35.00** 元

前　言

Visual Basic 6.0 以其友好的集成开发环境、简单易学的编码规则、能轻松地对 Windows 环境下各种软件进行制作与管理，尤其是其可视化的编程环境而深受广大用户的喜爱。随着微软公司对 Visual Basic 的不断研制和改善，接受和学习 Visual Basic 的人也越来越多。特别是近些年来，我国的高等院校已普遍地开设了 Visual Basic 程序设计的基础教学课程，并采用 Visual Basic 6.0 开发了大量的工程计算软件，产生了很好的社会和经济效益。然而随着 Visual Basic 的不断推广和应用，人们不仅需要基础语言类的书籍，更需要一些既能介绍 Visual Basic 语言、又能紧密结合水利工程设计与软件开发的书籍，为水利工程勘察设计、施工建设和运行管理提供帮助。本书的编写和出版正是基于这一需求。

本书以水利水电工程、农业水利工程和土木工程等相关专业本科生为使用对象，从控件使用与设计、代码设计与编写、软件开发与管理等入手，以工程规划、设计计算、组织管理为主线，以提高 Visual Basic 的控件使用能力、综合编程能力和对其他高级软件的管理水平为目的，使读者逐步掌握大中型水利工程 Visual Basic 6.0 软件设计的过程、思路、技巧和方法。本书主要介绍了以下 9 章内容：Visual Basic 6.0 环境与管理；Visual Basic 6.0 程序设计基础；Visual Basic 6.0 代码设计；Visual Basic 6.0 过程与图形应用；Visual Basic 6.0 对话框、菜单与工具栏及应用；Visual Basic 6.0 全方位管理；复习题；模拟试题；Visual Basic 6.0 上机操作训练。本书编排上由浅入深、由简到繁，由基础理论到水利工程应用。概念清晰、层次分明、专业突出，便于读者学习和理解，有利于提高计算机应用水平。书中所有的例题、复习题、模拟试题及上机操作训练题均在微机上调试通过。一些代表性例题和所有上机操作训练题的软件界面控件设计、代码编写和程序运行过程以及模拟试题的答案均通过二维码的形式在书中展示。

本书第 3、4、5、6、9 章由蒋水华负责编写，第 1、2、7、8 章由王怀章负责编写，全书的软件开发演示视频由蒋水华制作完成。本书的编写也得到水利部有关专家和学者的帮助与指导，其中马芳老师参编了本书的第 1 章和第 2 章，宋晖工程师参编了本书的第 3 章，何畏老师和汤桂荣、康青、朱语欣、李世曙、曾琴、罗茜等同学做了大量编辑工作，在此一并致谢。另外本书相关内容获得了南昌大学教材出版资助项目、国家自然科学基金项目（41867036）和江西省自然科学基金项目（2018ACB21017、20181ACB20008、20192BBG70078）的资助，在此对上述项目的资助表示感谢。

由于编者水平所限，书中难免存在不足与错误之处，恳请读者批评指正。

编者

2019 年 9 月

目　录

第1章

Visual Basic 6.0 环境与管理

Visual Basic 是基于 Basic 的可视化的程序设计语言。Visual Basic 6.0（简称 VB 6.0），是 Microsoft 公司推出的可视化的、面向对象的开发工具，是当今计算机软件开发方面最为流行的软件之一。

1.1 VB 6.0 的特点与主界面

1.1.1 VB 6.0 的特点

VB 6.0 软件相对于其他软件，主要有以下几个特点。

1. *界面友好*

VB 6.0 程序设计界面包括设计平台服务界面、代码设计界面、对象设计界面等，均由大量的窗口、菜单、工具栏、按钮等组成，操作直观、简单友好。另外，VB 6.0 的许多工作是基于对象设计编程，这些对象是已经设计完成的常用控件或 Active X 控件等，具有可视化的特点，如按钮、菜单、控件等，要对其进行设计编程，只需将它们放到窗体上，再对它们进行设计即可。

2. *结构化的设计语言*

VB 6.0 具有丰富的设计语言，内部函数众多。为简化界面设计、节约内存空间，所设计的代码（code）被分为若干个小型的过程和模块，这样程序阅读和修改起来简单明了。

3. *交叉式设计环境*

VB 6.0 的设计对用户而言，可分为可视化对象的外观设计和基于对象的代码设计，无论对哪一部分的设计，均可相互交叉。对 VB 6.0 系统而言，无论系统在运行模式下还是在设计模式下，均会对用户设计的对象或代码进行交叉监视。同时对出现的错误及时给出提示，为用户提供了极大的便利。

4. *广泛的资源共享*

VB 6.0 对系统中各种资源的使用均得心应手，包括动态数据交换、对其他高级软件系统的管理与应用、对微机硬件的管理与应用等。对其他语言的程序、代码或函数，也可经过“包装”为我所用。

5. *强大的联机帮助功能*

无论在任何模式下或任何时候，若用户认为当前的设计有问题，只需按下 F1 键，系统就会对其显示必要的帮助信息。另外，若系统发现了错误，也会弹出错误提示窗口，用户只需改正过来，就可继续运行。即使在输入代码时，若有相关问题不明白，只需按下 F2 键，输入相应的问题，系统也会及时提供相应帮助，以方便用户编程使用。

1.1.2　VB 6.0 主界面

VB 6.0 的主界面丰富多彩，典型的 VB 6.0 设计模式下的主界面如图 1.1 所示。各个窗口的特性及使用方法概述如下。

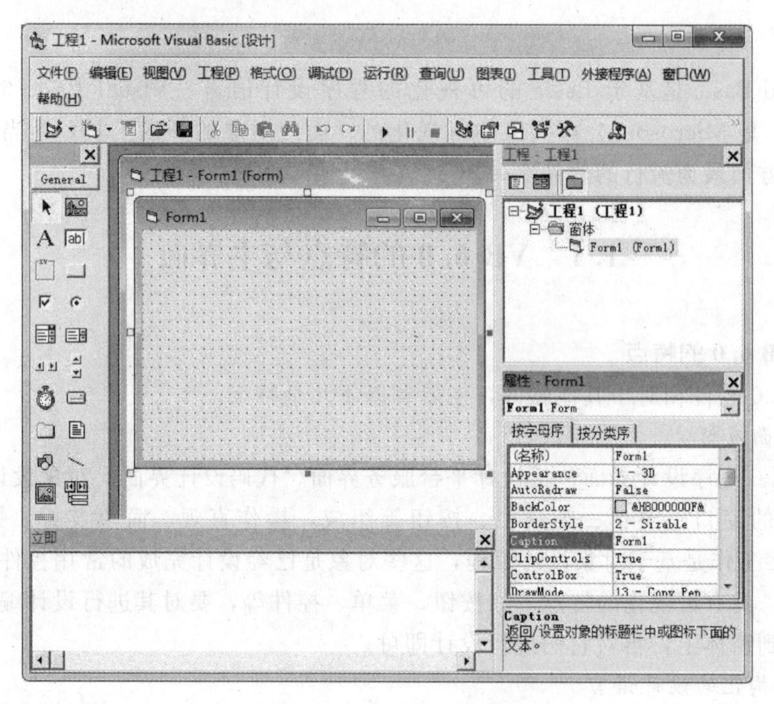

图 1.1　VB 6.0 主界面

1. 主窗口

主窗口位于屏幕的中部，可交替显示窗体设计窗口和代码编辑器窗口，由标题栏、菜单栏和常用工具栏组成。

（1）标题栏（Caption）。位于 VB 6.0 窗口的顶部，用于显示窗体管理图标、工程名称及当前模式。VB 6.0 有 3 种模式：①设计模式：在该模式下，用户可对各种对象外观进行选定、设置和修改，也可在代码窗口中对各种对象的代码进行输入、编辑等；②运行模式：在该模式下，系统将根据用户对不同对象的操作，运行对应的代码段；③中断模式：在一些特殊情况下，用户需要中断代码的运行，以便检查代码中出现的一些错误等，这些模式在标题栏中有相应的显示。

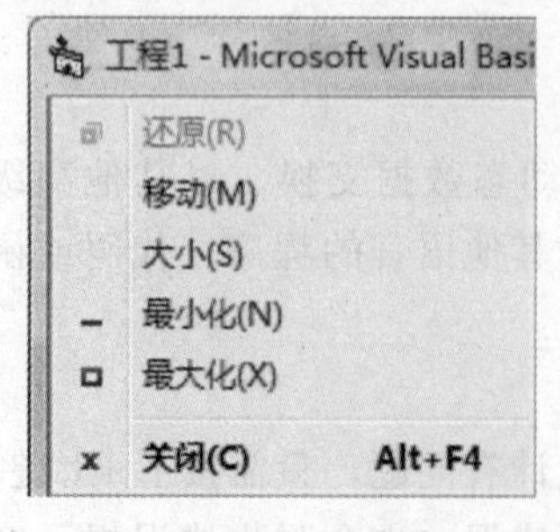

图 1.2　VB 6.0 主窗口右击弹出菜单

标题栏的第一个图标是 VB 6.0 主窗口管理图标，右击后将有如图 1.2 所示的菜单打开，用户可依据需要对主窗口进行管理。

（2）菜单栏（Menubar）。菜单栏中常设 13 个菜单标题（Menu Item），称为顶级菜单，单击任一菜单标题，将拉出若干个子菜单，称为菜单项。这些菜单将提供用户对 VB 6.0 开发环境进行操作管理的绝大部分功能，常用菜单的基本功能见表 1.1。

表 1.1　　VB 6.0 集成开发系统的菜单

菜单	作用
文件（File）	用于新建、打开、保存、显示最近的工程、生成可执行文件以及打印和退出系统
编辑（Edit）	用于代码的编辑、查找，显示一些常用的信息
视图（View）	用于集成环境下程序代码、控件的查看，各种窗口、工具箱的关闭与打开
工程（Project）	用于控件、模块和窗体等对象的添加处理等
格式（Format）	用于窗体、控件的格式设计，如对齐、间距、尺寸、锁定等
调试（Debug）	用于程序的调试、运行、查错
运行（Run）	用于程序的启动、中断和停止等
查询（Query）	用于设计 SQL 语言查询
图表（Diagram）	用于建立数据库中的表
工具（Tools）	用于集成开发环境的设置及原有工具的扩展
外接程序（Add-Ins）	用于为工程增加或删除外接程序
窗口（Windows）	用于屏幕窗口的层叠、平铺等布局操作以及列出所有已打开的文档
帮助（Help）	帮助用户系统地学习和掌握 VB 6.0 的使用方法及程序设计方法

（3）工具栏（Toolbar）。常用工具栏中有 6 组工具，将鼠标放到每个工具按钮上，稍作停顿，系统便会给出相应的功能解释。要释放或添加不同作用的按钮组，可在“视图”菜单下，选定“工具栏”，再选定相应的组名，即可打开这些按钮。若认为有些组的按钮不需要，可用相同的方法，将该组的按钮关闭。当新选按钮组不在工具栏的位置时，可拖动其标题栏，到工具栏的规定位置上。标准工具栏按钮的作用见表 1.2。在工具栏不可见时，可在菜单上右击，再选定相应的工具栏名，单击选定，则该工具栏出现。

表 1.2　　标准工具栏按钮的功能

图标	功能
	添加标准 exe 工程——用来添加新的工程到工程组中。单击其右边的箭头将弹出一个下拉菜单，可从中选择需要添加的工程类型
	添加窗体——用来添加新的窗体到工程中。单击其右边的箭头将弹出一个下拉菜单，可从中选择需要添加的窗体类型
	菜单编辑器——显示菜单编辑器
	打开工程——用来打开已有工程
	保存文件——用于保存当前工程文件

续表

图标	功　能
▶	启动——开始运行当前的工程
‖	中断——暂时中断当前的工程运行
■	结束——结束当前工程的运行
	工程资源管理器——打开工程资源管理器窗口
	属性窗口——显示或设置选定对象的属性、属性值
	窗体布局窗口——自定义工具栏、命令和选项的布局
	对象浏览器——查看/查找所有对象
	工具箱——安装用户所需控件
	数据视图窗口——添加数据环境到当前工程和添加新的数据链接
	可视化部件管理器——创建和查看可视化部件

2. 窗体设计窗口

窗体设计窗口专用于对各种对象的外观进行设计。打开窗体窗口的方法，可使用工程资源管理器上的“查看对象”按钮。用户在窗体窗口，可以将工具箱中的各种对象单击选定，然后在窗体的适当位置拖动，大小合适后松开，则该对象被引入到用户的工程中。任一工程，至少有一个窗体。要设置窗体的原始大小（即运行后窗体的大小）可单击选定窗体→在窗体四周的控制柄上按需拖动，大小合适后松开，当然也可以用代码设计窗体的大小。

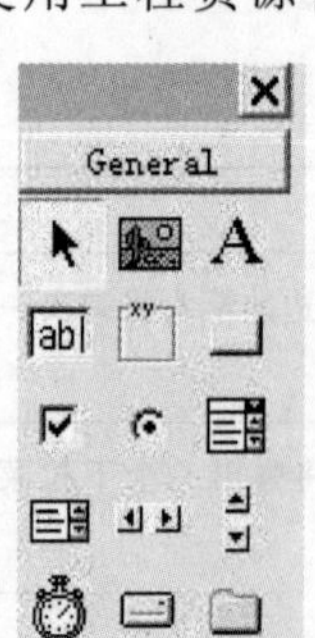

图 1.3　工具箱窗口

3. 工具箱窗口

工具箱是盛装用户所需控件的窗口，见图 1.3。工具箱中有常用工具 20 件，用户可从中选取制作窗体的各种控件。选取方法有两种：①双击某控件，则该控件进入当前窗体的中部，然后再进行位置、尺寸调整；②单击选定某控件，在窗体适当位置拖动至合适后松开。控件位置、尺寸调整后，还可在属性窗口中对初始属性值进行相应的设置。

需要注意的是，工具栏与工具箱的功能不同，工具栏中的各种控件（按钮或按钮菜单）主要用来对 VB 6.0 的外围环境提供操作服务。而工具箱中的各种控件则是用户用来设计窗体上所需的各种对象。

4. 工程资源管理器窗口

工程资源管理器是用于对工程中的各种资源进行显示、选择和操作管理的窗口。这些资源的列表相当于 Windows 下的文件夹及其中的文件，见图 1.4。由图 1.4 可见，工程资源管理器中列出的主要是工程名称（顶层）、窗体、模块及其相应关系。用户可以对其中的任一工程｜窗体｜模块，单击选定，然后利用管理器上方的两个按钮，第一个是查看代码按钮，单击可打开选定的工程｜窗体｜模块的代码窗口；第二个是查看对象按钮，单击可打开选定的工程｜窗体｜模块的窗口。

5. 属性窗口

属性窗口是用来显示或设置选定对象的属性、属性值。一个常用对象的属性窗口见图 1.5。在属性窗口中，第一列显示的是选定对象的所有属性，第二列是属性的当前值。属性不可变，但是属性值是完全可选的。用户要改变其属性值，只需单击该属性值，然后将原有属性值删除，再输入或选定新的属性值后，按回车键即可。如单击选定当前窗体，则窗体的属性窗口出现（若不出现，可在工具栏的相应按钮上单击打开属性窗口）选其标题（Caption）属性单击，删除原值，重新输入“我的 VB 窗体”按回车键，则原窗体的标题 Form1 即变为用户设置的内容。

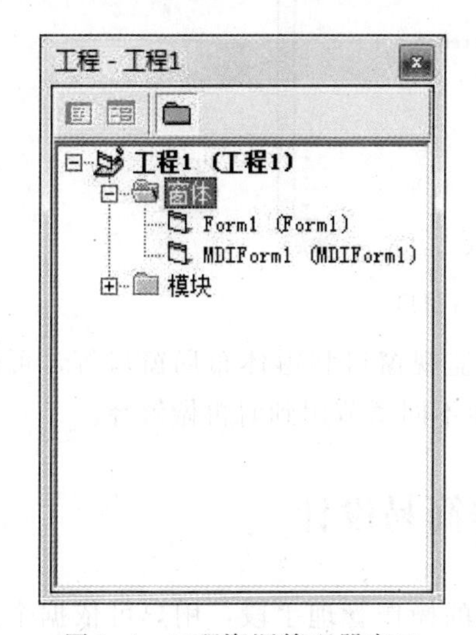

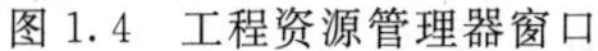
图 1.4　工程资源管理器窗口

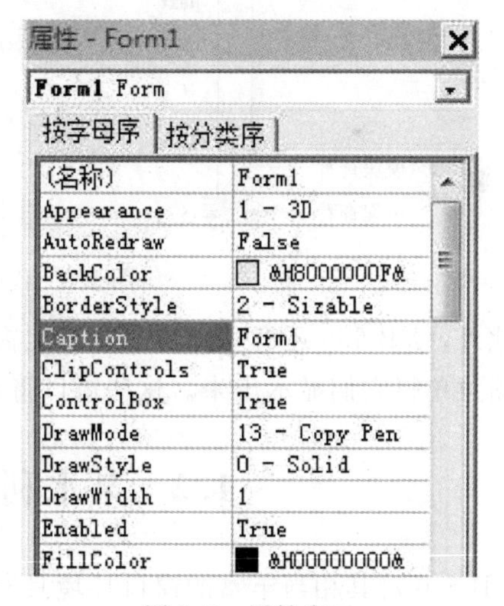

图 1.5　属性窗口

需要指出的是，工程资源管理器和（或）属性窗口，有时由于用户操作不当而占满全屏，这时可在其窗口上右击，在弹出的快捷菜单上选定“可连接的”复选框单击，则可使窗口恢复正常。右击工程资源管理器的工程、窗体、空白处等，也可实现对这些选定资源的快捷操作和管理。

6. 代码编辑器窗口

代码编辑器窗口用于对 VB 代码的输入、编辑、显示等。用户可用工程资源管理器上的“查看代码”按钮，打开代码窗口。也可双击窗体上欲编码的控件，显示该控件的代码。代码窗口打开后，见图 1.6。其中左上侧的组合框称为对象列表组合框。单击下拉钮，可对本工程的各种对象选定其代码首行的名称。右上侧的组合框，称为过程列表组合框。单击下拉钮，可选定针对该控件名称的事件过程名。二者选定后，VB 会在代码窗口自动写出该过程的首末行。如对象名选 Form，过程名选 Load，则该模块首末行在代码窗口出现：

```
Private Sub Form_Load()          '窗体的加载事件,是一个私有子过程
                                 '光标在此等待用户输入代码
End Sub                          '结束子过程
```

同理，双击窗体后，上述代码也会显示出来。

注意，使用双击的方法所出现的对象名及过程名，适用于该对象最常用的事件过程。对于非常用的事件只能采用先选对象名、再选过程名的方法予以实现。

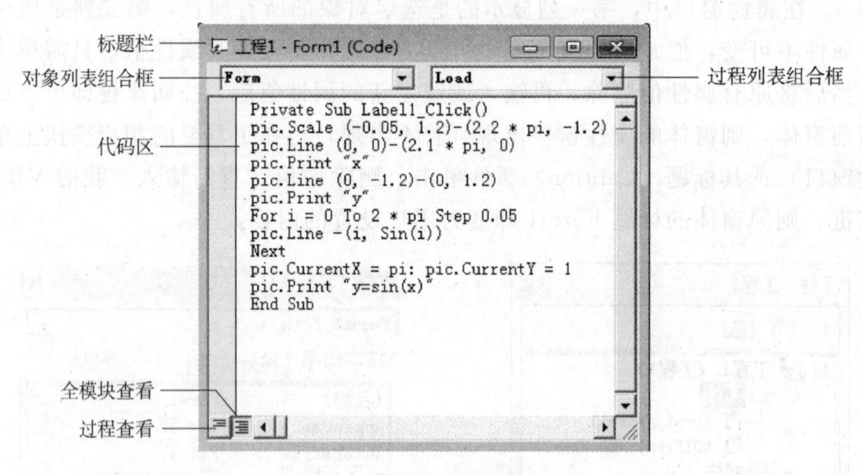

图 1.6　代码编辑器窗口

此外，VB 6.0 还有立即窗口、本地窗口、监视窗口和窗体布局窗口等，可以通过视图菜单将它们显示出来。这些窗口将在后面不同章节用到时再做解释。

1.2　某水利工程简易设计

VB 6.0 对其相当丰富的窗口环境具有灵活的操作管理手段，用户可依据个人爱好，使用菜单、快捷菜单或工具按钮等实现轻松管理。

1.2.1　启动工程

在 Windows 环境下，启动 VB 6.0 软件有以下几种常用的方法：

(1) VB 6.0 图标在桌面上：双击 VB 6.0 图标→在“新建工程”对话框中选择“标准 .exe”→单击“打开”按钮→出现一个以系统默认名称为“工程 1”和默认名称为“Form1”的窗体。

(2) VB 6.0 在开始菜单中：单击“开始”按钮→程序→Microsoft Visual Basic

6.0…→选择“Microsoft Visual Basic 6.0”→以下操作同(1)。

(3)不知VB 6.0在何处：一些计算机，由于使用不得当，已不知VB 6.0安装在何处。此时，可以单击“开始”按钮→查找→文件或文件夹→输入“VB98文件夹”→选定本地硬盘驱动器→开始查找。找到后右击VB 6.0图标→以下操作同上。

1.2.2 打开工程

(1)新建一个工程。可以在启动VB 6.0后，建立一个新工程。方法同1.2.1，若内存中已有一个工程，已调试完毕，现在要重新建一个工程，这时可选菜单中的文件→新建工程即可。注意，此时系统会弹出“保存下列文件的更改吗?”的对话框，若保存选是，不保存选否，如继续原文件调试，选取消。

(2)打开一个已有工程。在VB 6.0启动后，可在“新建工程”对话框中选择“现存”卡或“最新”卡→选定相应文件→打开。若找不到，可单击取消，然后单击VB 6.0的文件菜单→打开工程…→在打开工程的对话框中搜寻→选不同的驱\夹\文件名→打开。见图1.7。

1.2.3 建立工程

以某水电工程为例，说明用户建立一个工程的过程。

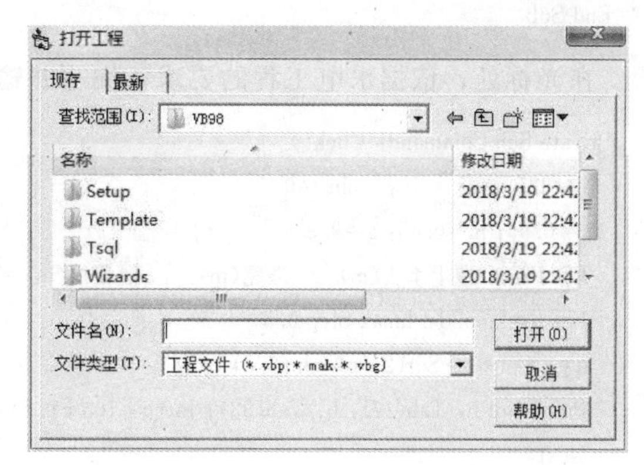

图1.7 打开工程对话框

【例1.1】 某水库溢洪道，堰顶高程 $D=405$m，堰宽 $B=32$m，堰上水头 H 由0～10m变化。若侧收缩系数为 $\varepsilon=0.95$，流量系数为 $m=0.43$。试将堰上水头以0.5m为间隔，将溢洪道泄流量 Q 打印到图片框中。泄流量计算公式为

$$Q=\varepsilon\sigma mB\sqrt{2g}H_0^{\frac{3}{2}} \quad (1.1)$$

式中：Q为泄流量，m^3/s；ε为侧收缩系数；σ为淹没系数，取 $\sigma=1.0$；m 为流量系数；H_0 为堰上全水头，$H_0\approx H$。

要求如下：

(1)将窗体Form1的标题改为“泄量计算表”。

(2)在窗体Form1上建一个图片框，将其名称Picture1改为Pic。

(3)在窗体Form1上建两个命令钮，将Command1的标题(即属性窗口中的Caption)改为计算，将Command2的标题改为关闭。

(4)在图片框中要有下列提示：

(第1字符位)　　　(第10字符位)　　　(第20字符位)

堰上水头(m)　　　堰宽(m)　　　泄流量(m^3/s)

控件设计步骤如下：

(1)启动VB 6.0，选择“新建工程”→“标准.exe”，打开。

（2）单击 Form1 选定窗体，将鼠标移到窗体右下角的控制柄（即小方块）上，按住鼠标将 Form1 窗体拖动到适当大小。

（3）选定窗体 Form1，在其属性窗口中，找到其属性 Caption，将其值改为：泄量计算表。

（4）在工具箱中，单击选定 PictureBox，在 Form1 的适当位置按住鼠标，拖到窗体的 3/4 大时松开，并在属性窗中将其名称改为 Pic；同理，在工具箱中，选中 CommandButton，分别引入窗体。注意首次引入的命令钮名称为 Command1，将其标题属性值改为“计算”，再引入的名称为 Command2（系统会记住各控件的序号，并自动加 1），将其标题属性值改为“关闭”。

（5）为“计算”命令按钮编写代码。

双击计算命令钮，系统自动打开代码窗口，且 Command1 代码的首、末行系统自动显示出来：

```
Private Sub Command1_Click()

End Sub
```

在光标处，依据水电工程的要求，编写并输入如下代码：

```
Private Sub Command1_Click()
  b=32：hmax =10：hmin =0                                    '为变量赋值
  ε=0.95：m=0.43：g=9.8                                      '为变量赋值
  Pic.Print "堰上水头(m)      堰宽(m)      泄流量(m³/s)"      '打印表头
  For h=hmin To hmax Step 0.5                                '以 0.5 为步长,循环计算
  q=ε * m * b * Sqr(2 * g) * h^(3/2)                         '计算泄流量
  Pic. Print h；Tab(17)；b；Tab(33)；Int(q * 100+0.5) * 0.01  '按规定字符位打印
  Next
End Sub
```

（6）为“关闭”按钮编码。在工程资源管理器上，单击查看对象按钮，进入窗体窗口。再双击 Command2 按钮，其首末行出现在代码窗口中。

```
Private Sub Command2_Click()

End Sub
```

在光标处，输入工程强制终止命令 End，使整个工程停止运行；也可输入软终止命令，即 Unload Me（Me 指系统默认的当前窗体），使窗体卸载。

注意：在输入代码时，若其函数、对象名或命令输入有误时，本行颜色将变色，说明有输入语法错误，应及时纠正。

1.2.4　运行工程

当窗体上的控件及其代码编写完成后，即可运行该工程。运行一个工程的方法有 3 种。常用工具栏中的 ▶ 按钮，运行工程；也可使用菜单中的运行→选择启动或全编

译执行；还可在运行时对代码进行调试，使用菜单中的调试对代码进行逐语句或逐过程调试。当一个工程进入死循环时，可以按 Ctrl＋Break 键强制中断工程；有时为了调试代码，也可使用Ⅱ按钮中断工程的运行。此时，VB 6.0 弹出立即窗口，用户可以在立即窗口中输入：Debug. Print＜变量名＞→回车，即可对任一变量进行检查，看是否正常。

1.2.5　删除与添加工程

当一个工程已调试完成且保存后，要开始下一个新工程时，应将原内存中的工程删除。否则，添加一个新工程后，两个工程将合到一起，产生不必要的干扰。删除一个工程的常用方法是，在工程资源管理器窗口中，右击工程名→单击移除工程。原工程移除后，可在工具栏中选“添加 Standard EXE 工程”按钮，将 Standard EXE 新工程添加进来。

1.2.6　保存工程

保存工程是初学者较为头痛的事，尤其是首次保存。当使用 VB 6.0 非正规软件时，或用户操作不当时，容易导致首次保存失败。

1. 首次保存

当 VB 6.0 软件正常运行时，假设有 1 个工程，其下有 n 个窗体，至少应作 $n+1$ 次保存，且各窗体的保存名称不能相同。保存过程是：单击菜单中文件→选工程另存为…→文件另存为对话框出现，见图 1.8。

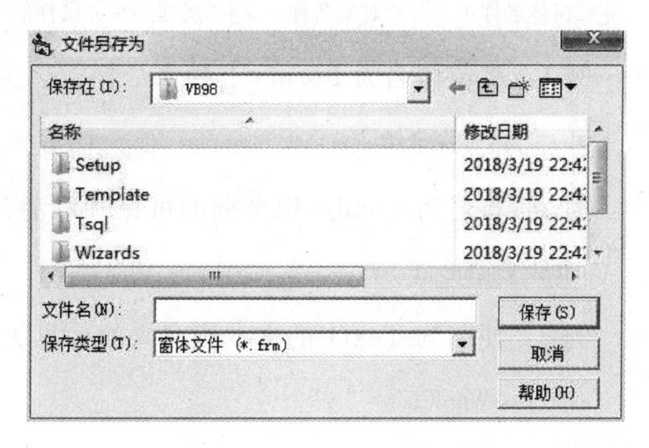

图 1.8　工程另存为对话框

若软件正常，系统会首先在保存类型组合框中出现 *.frm（即窗体文件），文件名为 Form1，此时输入窗体名 1→单击保存。单击保存后，若又出现文件名 Form2，再输入窗体名 2（窗体名不允许重名）→……→当保存类型框中出现 *.vbp（即 VB 工程文件）时，最后输入工程名→保存→VB 提示是否保存为安全模式→选 No，便正确完成了首次保存。

当 VB 6.0 软件不正常时，即首次出现的保存类型为 *.vbp 时，用户必须先在保存类型框中，下拉找出 *.*，依次将窗体命名（此时必须带后缀 .frm）保存后，最后将 *.vbp 保存。

2. 再次及多次保存

经过首次保存后，VB 已经记住了各窗体和工程的名称，以后的保存就非常简单了，只需在工具栏中单击保存按钮即可。

需要指出的是，当 VB 工程较为复杂时，首次保存次数还要增加，如工程中有标准 Basic 模块，应增加 *.bas 文件的保存。若有类模板，应增加 *.cls 文件的保存。若是工程组，应增加 *.vbg 文件的保存等。

1.3 对象与控件

VB 语法概念很多，但脉络清晰，与 Basic 相比，增加了大量的可视化工作。现分别叙述如下。

1.3.1 对象及其三要素

对象是一个具有特殊行为和状态的实体，包括窗体、控件、菜单、工具等均为常见的对象。当这些对象不足时，用户还可以建立自己的对象。另外，还有一些系统内部的对象，像打印机、屏幕、剪切板等。每一个对象都有属性、方法和事件三个要素。

1. 对象的属性

对象的属性指的是对象具有的性质，包括可见和不可见两部分。属性的设置有两种方法：①在属性窗口为对象属性赋值的方法，为对象赋初值或常量值；②使用 VB 代码，根据用户的需要，为对象属性赋变值。其通式如下：

[<窗体名称·>][<对象名称·>]<属性>=<属性值>

例 1：将窗体名为 Form3 上的命令钮，名为 Command1 的标题设为溢洪道设计。

可写为：Form3.Command1.Caption="溢洪道设计"

例 2：将名为 Combo 组合框的可见性取消（即不可见）。

Combo1.Visable=False

例 3：使名为 Text1 的文本框写入的信息为密码。

Text1.PassWordChar="*"

VB 6.0 执行该代码后，用户在 Text1 中写入的信息将全部变为"*"，直到该过程结束。实际上，任一对象的属性均很多，像 Name（名称）、Caption（标题）、Text（文本）、Value（值）、Picture（图片）等，都是常见的对象属性。有两种方法可帮助你了解这些属性。一是在属性窗口中单击对象的某一属性，在属性窗下部系统会给出解释；另外在编写代码时，只要用到某对象，系统会自动给出其全部的属性，选定属性后，系统会自动给出备选的全部属性值。任一对象都具有多个属性，其中包含一个常用属性，常用属性是进入属性窗口中颜色变深的那个属性。如文本框的 Text 属性，是其常用属性，常用属性在代码中可简写。如 Text1.Text="调洪演算"，等同于 Text1="调洪演算"。需要指出的是，在一个窗体中，对象的名称必须是唯一的。否则，该名称就变成了对象数组。

2. 对象的事件

事件是指可以被对象识别的动作，事件过程是指该对象要完成的工作任务。只要该对象被事先定义好，系统就能将其识别，在 VB 代码中，系统为避免整个工程的所有代码均在内存中运行而占用过大的内存空间，采用了分段进入内存、分段运行的方法。即根据用户需要，判定用户要哪个对象完成什么任务，则将该段过程在内存中运行，而其他过程则在排队等候。可见这种方法，既节省了内存，又加快了运行速度。

一个事件过程的通式如下：

```
Private Sub<对象名称>_<过程名称>()
<工作任务代码>
End Sub
```

例如：Click（单击）、Dblclick（双击）、Load（装载）、MouseUp（鼠标抬起）、Change（变化）等都是常用的事件过程。

3. 对象的方法

对象的方法是指对象要执行的动作。其通式如下：

```
[窗体名称.][对象名称].方法
```

常见的对象方法有 Print（打印）、Show（使窗体显示）、ShowOpen（使 Windows 的打开对话框显示出来）、SetFocus（使对象具有焦点）等。例如：

```
Printer.Print x, y
```

是让打印机打印出变量 x，y 的值；

```
Form3.Show
```

是使窗体 Form3 显示出来；

```
Text5.SetFocus
```

是将光标定位在 Text5 中。

1.3.2 几个常用对象的属性、事件和方法

1. 窗体（Form）

窗体是布设控件、接受打印和显示图片等对象的载体，它是 VB 工程中最常用的对象之一。其常用的属性如下：

（1）WindowState 可选属性值是 0（原始设计状态大小）、1（最小化）和 2（最大化）。可见 WindowState 是用来控制窗体的显示状态的。

（2）Left、Top、Width 和 Height 四个属性是控制窗体的左上角坐标和右下角坐标的。由于系统默认的屏幕左上角是（x_0，y_0），右下角是（x，y），所以：

$$(Left, Top)=(x_0, y_0)$$
$$(Width, Height)=(x, y)$$

例如

```
Form1.Left=10
Form1.Top=10
Form1.Width=6000
Form1.Height=8000
```

则将 Form 1 的左上角定位在（10，10），右下角定位在（6000，8000），其单位默认为 twip（特微），1 twip=1/567cm。

（3）BackColor 是用于设置窗体的背景颜色，可在属性窗口中的调色板上选择，也可以使用：

```
Form1. BackColor= VbRed
```

或采用 VbWhite、VbBlack、VbYellow 等各种颜色进行设置。

（4）ForeColor 是用于设置窗体的前景颜色，这里的前景是指窗体上已选控件的颜色，如用 Print 打印的字体等。如 VB 执行代码：

```
Forml. ForeColor=VbOrange
```

这样打印的字体将是橙色。

（5）Caption 是用于设置窗体的标题。

在水利工程中，窗体最常用的方法是 Print 和 Cls，Print 用于在窗体上显示信息，而 Cls 则将清除这些已显示的信息。窗体最常用的事件是 Load（装载）和 Click（单击）。Load（装载）在窗体被加载时使用。而 Click（单击）是窗体显示后要响应的单击过程。

【例 1.2】 在窗体 Form1 上建两个命令钮，一个是 Command1，其标题是“显示”，一个是 Command2，其标题是“清屏”。要求窗体的大小是（50，50）～（5000，6000），窗体上的字体为 40 号字，红色。

设计：先将上述对象放于窗体，并设计如下代码：

```
Private Sub Command1_Click
  Me. Fontsize=40
  Me. Forecolor=Vbred                        'Me 即指当前的 Form 窗体
  Me. Print“欢迎使用 VB 软件”
End Sub

Private Sub Command2_Click()
  Me. Cls
End Sub

Private Sub Form_Load()
  Me. Left =50：Me. Top=50
  Me. Width=5000：Me. Height=6000
End Sub
```

2. 文本框（Textbox）

文本框是用于输入和输出文本信息的对象，用户可在其中输入任何信息，但所有信息均认为是字符串，即使是数值，也是字符型数值。文本框的主要属性如下：

（1）Text 属性是用于文本的输入和输出，是文本框的常用属性。例如：

```
Text1. Text= Form1. Caption
```

（2）MultiLine 属性是用于设置文本框是否接受显示多行文本。当其属性值为 True 时，可以用来显示或输出多行文本。反之当其属性值为 False 时，只接受单行显示或输出，而不接受回车换行。

（3）Scrollbar 属性表示当 Multiline＝True 时，滚动条 Scrollbar 属性才可用。Scrollbar 的值为 0－None 表示无滚动条；1－Horizental 表示水平滚动条；2－Vertical 表示垂直滚动条；3－Both 表示水平＋垂直滚动条。

设置了 Scrollbar 后，用户就可以在文本框中使用文本操作的各种键盘，进行输入和输出了。

（4）Sel 属性包括 SelStrat（选定文本的起点）、Sellength（选定文本的长度）、SelText（选定的文本字串）、SelFontName（选定文本的字体）等。Sel 属性对文本的编辑以及代码中的判断等有用。

文本框的常用方法是 SetFocus。文本框的常用事件包括 Click、Keyup、Change、MouseDown 等。

3. 标签框（LabelBox）

标签框只用于文本的输出而不接受输入。其通用属性是 Caption、AutoSize 和 Word Wrap 等。如果希望标签框能输出多行标题，就应将 AutoSize 设为 True，再将 WordWrap 设为 True。标签框的另一用途，就是用作一些无 Caption 属性的控件前或上方，作为这些控件的代用标题。如 Text 无 Caption 属性，就可借用标签框来制作标题。标签框的常用过程为 Click、Change 等。

4. 图片框（PictureBox）

图片框既可以装载图片，又可以在其中画图，还可以用来打印系统的输出信息。其主要属性如下：

（1）Picture 属性表示接受设计模式和运行模式下图片的装载。在设计模式下，可在图片框的属性窗口中，选定 picture 属性→单击 ... →加载图片的对话框出现，见图 1.9。可选图片文件类型为 . ＊jpg、. ＊gif、. ＊bmp 或网上下载的图片等→打开。这样一个图片出现在图片框中。也可以根据工程变化情况，在运行模式下加载图片。代码如下：

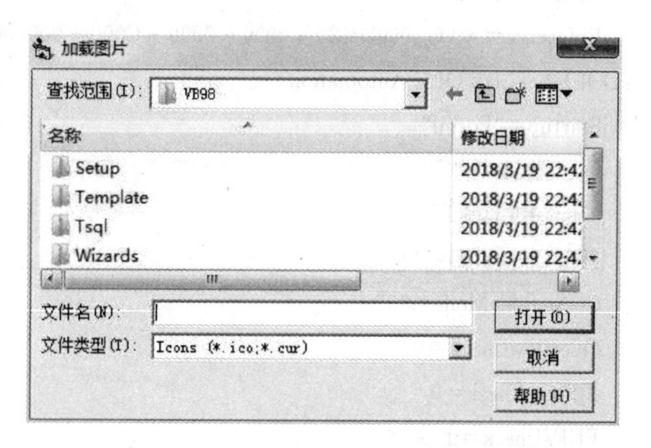

图 1.9　加载图片对话框

```
Picture1. Picture= LoadPicture("")
```

然后利用上述方法，将要装载的文件名写到或粘贴到上面的双引号内。为了使图片框能适应图片的大小，应同时将图片框的 AutoSize 属性设为 True。

（2）Print 属性表示图片框的打印显示，经常要用到，打印的格式很多。这里仅介绍几个重要的打印格式。

Picture1. Print Tab(a); <变量 1>; Tab(b); <变量 2>; ……

以分号作为分隔符是以紧凑型格式的打印，其中 Tab(a)是打印定位函数，规定在第 a 个字符位开始打印某个变量。

Picture1. Print <变量 1>, <变量 2>, ……

以逗号作为分隔符是以分区输出格式（标准输出格式）打印，每个变量的值占 16 个字符位。

Picture1. Print<变量 1>[,|;] …… <变量 n>[,|;]

在打印变量的最末位，若有“,”或“;”，规定本行不换行，下一个打印语句继续接着打印，并且执行分区输出格式或紧凑输出格式，其中 [ ] 中的内容为可选项。

在有些情况下，为了使打印的信息非常规整，常用取整函数 Int(x)。用户可依据实际工程的精度要求，来保留小数点后相应的小数位数。如 Int(x * 100＋0.5) * 0.01，则使 x 的值保留到小数点后两位，第三位四舍五入。同理 Int(a/b * 1000＋0.5) * 0.001，则使 a/b 的值保留小数点后三位，第四位四舍五入等。

图片框的常用方法是 Cls、Move 等，常用的事件是 Click、MouseUp 等。

1.3.3 工程与模块

在 VB 中，工程是描述各个模块、窗体及窗体下的各窗体之间相互关系的一个记录集。工程的内容编辑、修改等均可在记事本中完成。以下是 VB 自动生成的某工程记录集代码：

```
Type=Exe
Form=312-2.frm
Reference=*\G{00020430-0000-0000-C000-000000000046}#2.0#0#C:\WINDOWS\SYSTEM\STDOLE2.TLB#OLE Automation
Startup="Form1"
Command32=""
Name="工程 1"
HelpContextID="0"
CompatibleMode="0"
OverflowCheck=0
FlPointCheck=0
FDIVCheck=0
UnroundedFP=0
StartMode=0
Unattended=0
Retained=0
ThreadPerObject=0
MaxNumberOfThreads=1
```

至于这些信息是什么，现在可以忽略不计。模块是构成工程资源的第一单元。如工程中的窗体模块、标准 Basic 模块等都是常见的模块。模块又是由过程所构成。每一过程都是 VB 的运行单元。窗体模块由通用_声明过程和一个至若干个窗体及窗体下的若干过程组成。

第2章 Visual Basic 6.0程序设计基础

学习Visual Basic程序代码设计，是掌握VB的重要环节。如果用户在掌握VB对象设计的基础上，又能熟练地运用VB的常量、变量、函数、命令、语句等进行水利工程设计，则基本具备了VB的应用能力。

2.1 VB的常量、变量、表达式与转移语句

2.1.1 常量

VB的常量分为用户型常量和系统内部常量两部分。用户型常量分为数值型常量和字符型常量。数值型常量写法有18、1.8、1.8e+10（$=1.8\times10^{10}$）、[#] 2004/01/05 [#]（日期型）；字符型常量要用双引号引起，如："Visual Basic""123.45"等。

2.1.2 变量

变量在程序运行中是可以变化的量。

1. 变量的命名规则

（1）变量只能由数字、字母和下划线组成，且第一个字符必须是英文字母。

（2）变量名不能包括小数点，中间不能有空格，不能用减号，不能用VB保留字，但可以把保留字嵌入变量名中；另外变量名也不能是末尾带有类型说明符的保留字。

（3）变量的字符总数≤255个，变量名的最后位置可以是类型说明符。如：m5x、cctv、sini、cmd等均是正确的变量；而5mx（第一字符为数字）、Cctv _ Click（为调用事件过程）、Sin(x)（为VB的内部函数）、Command1（此为事件过程名）、ab - China（使用了减号）、ab China（中间有空格）均是错误的。

2. 对变量类型的声明

（1）变量的类型。在VB的代码中，任何变量都是有类型的。这种规定是为了更好地节省微机内存。常见变量的类型分为11种，见表2.1。

表2.1 常用变量类型表

类型	类型说明符/字节	含义	类型	类型说明符/字节	含义
Integer	%/2	整型	Bollean	/2	布尔型
Long	&/4	长整型	Variant	/（不定）	可变型
Single	! /4	单精度	Byte	/1	比特型

续表

类型	类型说明符/字节	含义	类型	类型说明符/字节	含义
Double	#/8	双精度	Date		日期型
Currency	@/8	货币型	Object	/4	对象型
String	$/ (1/2)	字符串型			

（2）变量类型的显式声明。对变量类型的显式声明格式如下：

<级别定义> <变量名>[As<变量类型>]

<级别定义>说的是该变量属于何种模块或何种过程中的变量。在窗体通用_声明中的变量，若为非数组型的变量，用 Public 声明；若为数组型变量，用 Private 声明；对于私有过程的变量，可用 Dim/Redim/Static 声明。

需要说明的是，在通用声明中，用 Public（数组用 Private）声明的变量，在该窗体运行的各个过程中均可见、可用。当该窗体停止运行时，值才消失。

用 Dim 声明的变量，属于过程中的动态变量。当本过程运行时，在本过程内有值，但在其他过程内不可见、不可用。过程停，值消失。

用 Redim 声明的变量只对过程中的数组适用。当过程开始时，不知道数组的维数和元素多少时，先用 Dim 模糊定义数组变量，当知道了数组变量的维数和元素后，就可用 Redim 重新准确定义了。

用 Static 声明的变量与 Dim 不同，它定义了变量是过程中的静态变量，即不论过程在运行还是终止，该变量在其过程中始终有值，但其他过程始终不可见、不可用。只有当工程停止后，值才消失。

对变量进行显式声明的常用形式如下：

1）Dim。

Dim<变量名>[As<数据类型>]

Dim 用于在标准模块（Module）、窗体模块（Form）或过程（Procedure）中定义变量或数组。用 Dim 定义的动态变量随着它所在的过程被执行或被调用而定义，随着它所在的过程执行或调用结束而自动消失，下一次执行或调用该过程时，又重新定义动态变量，过程执行或调用完毕，动态变量自动消失。例如：

```
Dim PI As Variant
```

表示在私有过程中定义 PI 为私有可变型变量，与 Dim PI 是等同的。

```
Dim a As Long, b As Single, c As Double
```

这种定义变量的方法适用于多个变量的同时定义。

```
Dim a&, b!, c#
```

采用类型说明符定义 *a* 为长整型，*b* 为单精度，*c* 为双精度且均为私有过程级的变量。

```
Dim k() As Date
……
u=100; v=200
……
Redim k(u, v)as Date
```

这种方法适用于数组的模糊定义和重新定义

2）Static。

Static<变量名>[As<数据类型>]

用 Static 定义的静态变量随着它所在的过程第一次被执行或被调用而定义，但不会随着它所在的过程执行或调用结束而自动消失，静态变量一直存在，下一次执行或调用该过程时，不再需要重新定义静态变量，可以接着使用静态变量的值，静态变量一直存在，直到整个应用程序结束才消失。例如：

```
Static n * 20 as String
```

表示定义 n 为存放 20 个字符的私有静态变量。

3）Private。

Private<变量名>[As<数据类型>]

Private 声明模块级变量，其作用域为整个窗体模块。例如：

```
Private x(10, 10) As String
```

表示在通用_声明中定义名为 x 的数组为窗体级私有的二维数组，是共有 11×11 个元素的字符串变量。该数组在本窗体的各个过程中均可见、可用。

4）Public。

Public<变量名>[As<数据类型>]

Public 用来在标准模块中声明全局变量或数组。例如：

```
Public n As Integer
```

表示在通用_声明中声明 n 是全局的整型变量。

（3）变量类型的隐式声明。在代码编写中，有些不重要的变量可以拿来就用，而不必非得定义后再用，但是这种变量，系统认为是可变型的，占用内存较多，而且很容易导致变量混淆而出错。

（4）强制显式声明对于代码复杂，模块、过程很多的大、中型工程，为防止变量过多、变量误用而出错，可以使用强制显式声明的方法。这就是在通用_声明中的第一行写上：

```
Option Explicit
```

以后的所有变量，不显式声明系统将会给出要求声明的提示。

2.1.3　运算符和表达式

1. 运算符

（1）关系运算符。由＝（等于）、＞（大于）、＜（小于）、＞＝（大于等于）、＜＝（小于等于）、＜＞（不等于）、Is（比较对象）和 Like（比较字串）八个符号组成。

（2）算术运算符。由＋（加）、－（减）、*（乘）、/（除）、\（整除）、^（乘方）、sqr（x）（平方根）和 mod（取模，即取余数）等组成。

（3）字符串运算符。由＋和 &（字符串加号）组成。这两个都可以连接两个字符串，& 会自动将非字符串类型的数据转换成字符串后再进行连接，而＋则不能自动转换。建议用 & 运算符实现字符串的连接，但在输入时，如果系统不会自动在 & 运算符的左右加上空格，请分别加上空格，否则，系统会提示出错。

（4）逻辑运算符。

由 Not（逻辑非）、And（逻辑乘）、Or（逻辑加）等组成。逻辑运算的结果是 T（True 为真）和 F（False 为假）。

2. 表达式

表达式由常量、变量、运算符和对象、函数及圆括号组成，可分为算术表达式、字符串表达式，逻辑表达式等。

（1）算术表达式。$y=\frac{[(ax-1)^2]^{\frac{1}{k}}}{x+3}$ 的 VB 表达式为 y=((a * x－1)^2)^(1/k)/(x＋3)。

（2）字符串表达式。A＝“三峡”：B＝“工程”：C＝“水电站”：D＝A & C：E＝“我要参加”& D &“建设”是字符串表达式。

（3）逻辑表达式。x－1＞0 And y ＜10 Or x * x＋2＜5 是逻辑表达式，当 x=1，y=2时，本式的值是 True。若为 x－1＞0 And(y＜10 Or x * x＋2＜5)则结果是 False。

VB 处理各类表达式的优先级如下：

算术运算→字符运算→关系运算→逻辑运算。

算术运算遵守数学规则：^→－（负号）→ *、/→ \ → mod → ＋、－。

逻辑运算：Not→And→Or。

若有圆括号，则各类表达式均首先计算或比较圆括号内的表达式。

2.1.4　基本 If-Then 转移语句

If-Then 转移语句的格式很多。这里为方便初学者，先介绍一种常用格式。详细的介绍见第 3 章。其格式如下：

```
If<条件表达式 1>Then
<语句组 1>
ElseIf<条件表达式 2>Then
<语句组 2>
……
```

```
ElseIf<条件表达式 n>Then
<语句组 n>
Else
<语句组 n+1>
End If
```

该语句的作用是，VB 首先对＜条件表达式 1＞进行运算，并得到其值（True/False）。当值为 True 时，则执行＜语句组 1＞中的各种代码；若值为 False 时，则对＜条件表达式 2＞进行计算；若为 True，执行＜语句组 2＞；反之，继续进行以后各条件式的计算与判断，当条件表达式 1～n 均为 False 时，系统自动执行 Else 后的＜语句组 n+1＞，之后结束 If 语句的判断，执行后续语句。

【例 2.1】 已知三种水工闸门，如图 2.1 所示，其上作用的静水总压力 P 值，压力中心 D 距水面的斜距 L_D 见表 2.2。其中矩形门尺寸 $b\times L = 3\text{m}\times 9\text{m}$，等腰梯形门尺寸 $b\times B\times L=2\text{m}\times 5\text{m}\times 9\text{m}$，圆形门尺寸 $D=3\text{m}$，α 均为 15°，L_1 均为 10m。要求在窗体上建一图片框（名为 pic）、一个文本框（Text1）和一个命令钮（command1），现以 If－Then 为主句，设计计算闸门总静水压力和斜距的控件并编写代码。

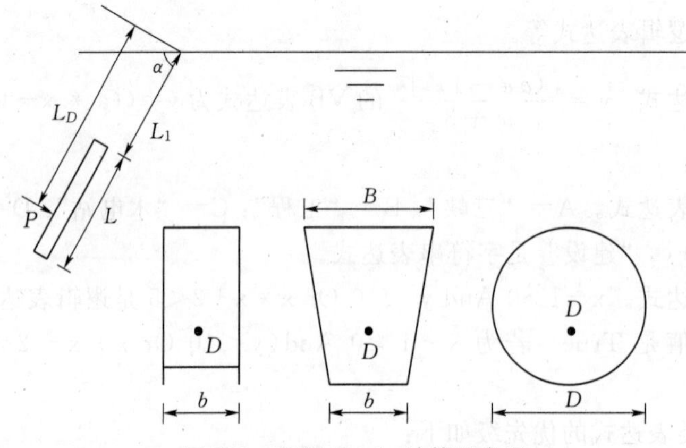

图 2.1　闸门 P、L_D 计算示意图

表 2.2　　静水压力 P 及斜距 L_D

闸门类型	静水压力 P	斜距 L_D
矩形	$\dfrac{\gamma Lb(2L_1+L)\sin\alpha}{2}$	$L_1+\dfrac{L(3L_1+2L)}{3(2L_1+L)}$
等腰梯形	$\dfrac{\gamma\sin\alpha}{6}[3L_1(B+b)+L(B+2b)]$	$L_1+\dfrac{L[2L_1(B+2b)+L(B+3b)]}{6L_1(B+b)+2L(B+2b)}$
圆形	$\dfrac{\pi}{8}\gamma D^2(2L_1+D)\sin\alpha$	$L_1+\dfrac{D(8L_1+5D)}{8(2L_1+D)}$

程序设计思路如下：

（1）依题意，设计如图 2.2 所示的窗体及控件。

（2）代码设计，双击运行按钮，编写如下代码：

```
Private Sub Command1_Click()
  If Text1 = "" Then
  Text1 = "请先用中文输入闸门型式后,再运行"
  Exit Sub: End If
  a = 15 * 3.14159 / 360: r = 9.8: L1 = 10
  If Text1 = "矩形" Then
    L = 9: b = 3
    P = r * L * b / 2 * (2 * L1 + L) * Sin(a)
    LD = L1 + (3 * L1 + 2 * L) * L / (3 * (2 *
L1 + L))
    ElseIf Text1 = "梯形" Then
    b = 2: db = 5: L = 9
    P = r * Sin(a) / 6 * (3 * L1 * (db + b) + L * (db + 2 * b))
    LD = L1 + (2 * L1 * (db + 2 * b) + (db + 3 * b) * L) * L / (6 * (db + b) * L1 + 2 *
L * (db + 2 * b))
  Else
    d = 3: P = 3.14159 / 8 * r * Sin(a) * d * d * (2 * L1 + d)
    LD = L1 + d * (8 * L1 + 5 * d) / 8 / (2 * L1 + d)
  End If
  Pic.Print Tab(5); "静水压力 P"; Tab(25); "斜距 LD"
  Pic.Print Tab(5); P; Tab(25); LD
End Sub
```

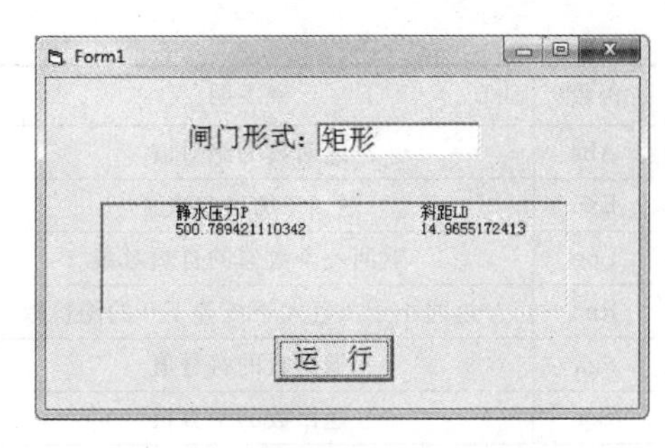

图2.2 静水压力的计算界面

当然，如果还有更多种类的水工闸门，应将本代码中的Else改为ElseIf。

2.2 VB常用的内部函数

VB的函数非常多，按类型可划分为内部函数和用户自定义函数。内部函数又叫标准函数，在VB的环境中可随时拿来使用。用户自定义的函数，有其特定的用途和条件，只能在特定的环境下使用。内部函数按其作用又分为数学类函数、字符串类函数、时间类函数、类型转换类函数、Shell函数、输入函数和信息函数等。

2.2.1 数学类函数

常用的12种数学类函数，见表2.3。

表2.3 常用数学类函数

函数	说 明	实例	结 果
Sin	返回弧度的正弦	Sin(1)	0.841470984807897
Cos	返回弧度的余弦	Cos(1)	0.54030230586814
Atn	返回用弧度表示的反正切值	Atn(1)	0.785398163397448
Tan	返回弧度的正切	Tan(1)	1.5574077246549

续表

函数	说 明	实例	结 果
Abs	返回数的绝对值	Abs(－2.4)	2.4
Exp	返回 e 的指定次幂	Exp(1)	2.71828182845905
Log	返回一个数值的自然对数	Log(1)	0
Rnd	返回小于 1 且大于或等于 0 的随机数	Rnd	0－1 之间的随机数
Sgn	返回数的符号值	Sgn(－100)	－1
Sqr	返回数的平方根	Sqr(16)	4
Int	返回不大于给定数的最大整数	Int(3.6)	3
Fix	返回数的整数部分	Fix(－3.6)	－3

其中，三角函数默认采用弧度。同时注意，随机函数 Rnd 的种子若不改变，则每次运行的随机数是始终相同的。为改变种子，可在 Rnd 语句前，用 Randomize 改变随机数的种子序列，以产生不同序列的随机数。例如：

```
Private Sub Form_Click()
  For i=1 To 10
  Me.Print Rnd
  Next
End Sub
```

运行，单击窗体后执行结果见图 2.3。只要种子不改变，结果始终是相同的。若改写为：

```
Private Sub Form_Click()
  Randomize
  For i=1 To 10
  Me.Print Rnd
  Next
End Sub
```

其运行后的结果见图 2.4。每次结果均不相同。还要注意 Int(x) 和 Fix(x) 的不同点，当 $x>0$ 时，Int(x) 和 Fix(x) 均取相同的最大正整数，而当 $x<0$ 时，二者取整结果是不同的。如 Int(－7.8) ＝－8，Fix(－7.8) ＝－7。

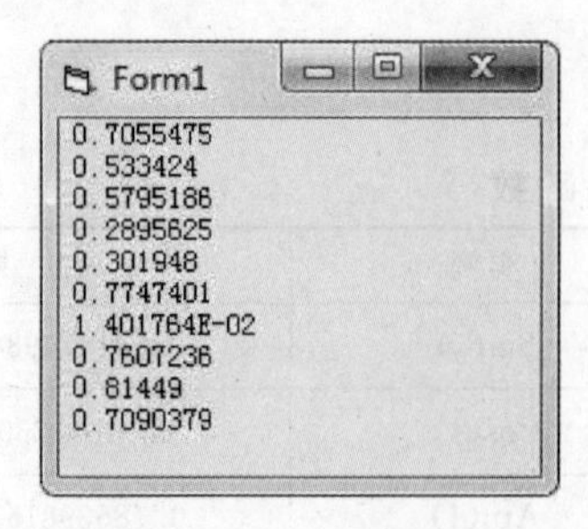

图 2.3 用 Rnd 函数产生的 10 个随机数

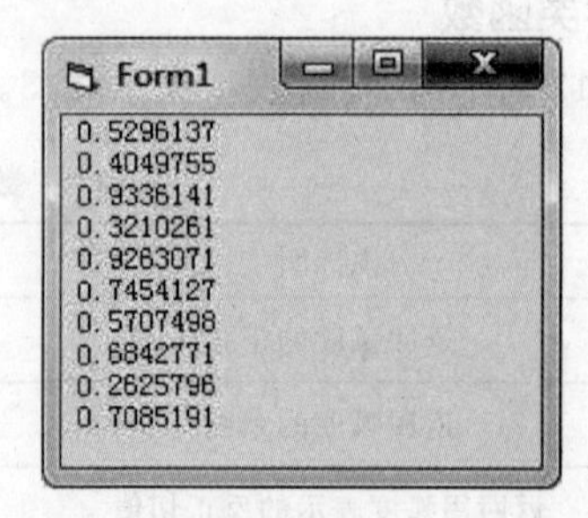

图 2.4 增加 Randomize 后用 Rnd 函数产生的随机数

2.2.2 字符串类函数

常用的字符串类函数，见表2.4。其中Trim(C)、Len(C)在代码设计中经常用到。

表2.4　常用字符串类函数

函　数	说　明	实　例	结　果
Trim(C)	返回删除字符串前后空格后的字符串	Trim("My")	"My"
Left $ (C, N)	返回从字符串左端开始的指定数目的字符	Left $ ("My file", 2)	"My"
Right $ (C, N)	返回从字符串右端开始的指定数目的字符	Right $ ("My file", 4)	"file"
Mid $ (C, N, [N2])	返回从字符串指定位置开始的指定数目的字符	Mid $ ("Myfile", 3, 4)	"file"
Len(C)	返回字符串的长度	Len("My file")	7
LenB(C)	返回字符串所占的字节数	LenB("My file")	14
Instr([N1], C1, C2[, M])	返回指定字符串在另一字符串中最先出现的位置	Instr(2, "ABCB", "B")	2
Space $ (N)	返回由指定数目空格字符组成的字符串	Space $ (3)	"　"
String $ (N, C)	返回第一个字符重复指定次数的字符串	String $ (2, "ABCD")	"AA"
StrReverse(C)	将字符串反序排列	StrReverse("AB")	"BA"
Lcase(C)	返回以小写字母组成的字符串	Lcase("ABa")	"aba"
Ucase(C)	返回以大写字母组成的字符串	Ucase("Aa")	"AA"

2.2.3 时间类函数

常用的时间类函数在用户的窗口中，如窗体的标题、文本框的内容、状态栏等。其中Now、Date、Time等最常用。时间类函数及其用法见表2.5。

表2.5　常用时间类函数表

函　数	说　明	实　例	结果
Now	返回系统日期和时间(yy-mm-dd hh:mm:ss)	Now	04-1-31 13:15:10
Date[$][( )]	返回当前日期(yy-mm-dd)	Date	04-1-31
Date Serial (年，月，日)	返回一个日期形式	DateSerial(4, 3,2)	04-3-2
Date Value(C)	返回一个日期形式，自变量为字符串	Date value("4, 3, 2")	04-3-2
Day(C|N)	返回月中第几天(1~31)	Day("2004-3-5")	5

续表

函　数	说　明	实　例	结果
Weekday(C|N)	返回是星期几(1～7)	Weekday("2004-3-5")	3(星期二)
Weekday Name (C|N)	返回星期代号(1～7)转换星期名	Weekdayname(3)	星期二
Month(C|N)	返回一年中的某月(1～12)	Month("2004-3-5")	3
Monthname(N)	返回月份名	Monthname(3)	3
Year(C|N)	返回年份(yyyy)	Year(2004-3-5")	2004
Hour(C|N)	返回小时(0～23)	Hour(Now)	10 (由系统决定)
Minute(C|N)	返回分钟(0～59)	Minute(Now)	16 (由系统决定)
Second(C|N)	返回秒(0～59)	Second(Now)	42 (由系统决定)
Timer[$][()]	返回午夜至今的秒数(hh：mm：ss)	Timer	56323.78 (由系统决定)
Time [$][()]	返回当前时间	Time	10：02：03 (由系统决定)
TimeSerial (时，分，秒)	返回一个时间形式	Time Serial(1，2，3)	1：02：03
Time Value(C)	返回一个时间，自变量为字符串	Time Value("1：2：3")	1：02：03

需要指出，要让时间函数能够在用户的窗体中不断运行，必须将时钟控件（名为 Timer）放入窗体。并设定其跳动间隔（Interval＝1000，即为 1000 毫秒）。下例是在单击 Command1 事件后，使 Text11 中的时间不断运行的代码。

```
Private Sub Command1_Click()
  Timer1.Interval = 1000
End Sub
Private Sub Timer1_Timer()
  Text1 = "20" & Now
End Sub
```

2.2.4　类型转换类函数

类型转换类函数是强制将操作结果转换成一个特殊规定的数据类型，而不是沿用系统默认类型。常用的类型转换类函数见表 2.6。

在表中 Str、Val、Cint、CLng，Cdbl 是经常用到的转换类函数。例如一些零星数据可以用 Text 框输入，输入后只需使用：

```
<数值变量名>=Val(Text1)
```

然后转换为数据即可，另外数据要和其他文字信息一起在文本框中显示，可以将数据转换为字串型。如：Text1＝Text1 & Str(i)，就是将数值型变量 *i* 的数值转为字符串，再与原 Text1 中的字符串一同在 Text1 中输出。

表 2.6 类型转换类函数表

函数	返回类型	参数范围
Cbool	Boolean	任何有效的字符串或数值表达式
Cbyte	Byte	0～255
Ccur	Currency	－922337203685477.5808～922337203685477.5807
Cdate	Date	任何有效的日期表达式
Cdbl	Double	负数：－1.79769313486232E308～4.94065645841247E－324 正数：4.94065655841247E－324～1.79769313486232E308
Cint	Integer	－32768～32737 小数部分四舍五入
CLng	Long	－2147483648～2147483647，小数部分四舍五入
Csng	Single	负数：－3.402823E38～1.401298E－45； 正数：1.401298E－45～3.402823E38
CStr	String	依据参数返回 CStr
Cvar	Variant	若为数值，与 Double 相同；若非数值，则范围与 String 相同
CVErr	Error	将实数转换成相同的错误值
Asc(C)	Integer	对首字符串返回其对应的 ASCII 码数值
Chr(C)	ASCII 码	对数据表达式的值返回其对应的 ASCII 码
Str(C)	String	将数值表达式的值转换为字符串型值
Val(C)	数值	将字符串型表达式中的数值型字符转换为数值

2.2.5 Shell 函数

Shell 函数的作用是在 VB 运行时，调用其他的可执行文件（*.exe、*.com、*.bat）并运行。若调用成功，则返回一个代表该文件的 ID 值，反之则返回 0。Shell 函数的使用格式如下：

ID= Shell("被调文件的驱\夹\名",[(被调文件的窗体形式)])

其中，(被调文件的窗体形式) 值和参数分别为

0：窗口不显示；也可输入窗体形式参数：VbHide。

1：窗口正常，有鼠标；窗体形式参数：VbNormal Focus。

2：窗口最小化，有鼠标；窗体形式参数：VbMinimized Focus。

3：窗口最大化，有鼠标；窗体形式参数：VbMaxmized Focus。

4：窗口正常化，无鼠标；窗体形式参数：VbNormal NoFocus。

5：窗口最小化，无鼠标；窗体形式参数：VbMinimized NoFocus。

使用下列语句，可以打开 Word，并使窗体最大化。

```
Private Sub Command1_Click()
```

```
  ID= Shell ("C:\Program Files (x86)\Microsoft Office\Office14\winword.exe", 3)
  Text1=Str(ID)
End Sub
```

注意当文件是可选变量时，应省去双引号。这样可以在 VB 运行时，按用户需要去调用 Word 产生的各种软件，然后用 Word 进行各种操作。操作完成后，再返回 VB 工程，VB 重新获得支配权。

2.2.6 输入函数

VB 已淘汰了 Basic 的 Input，Read/Data 等，代之以输入函数 InputBox 进行数据输入。InputBox 函数的简化格式如下：

```
<串变量>=InputBox("正文串","标题串")
或<数值变量>=Val(Inputbox("正文串","标题串"))
```

当正文串或标题串为变量时，应省去双引号。

本函数是弹出一个输入对话框，其标题是“标题串”中的内容，其正文是“正文串”中的内容，光标停留在输入文本框中，等待用户输入相应的字符串或字符串型数据，然后确定或取消。例如代码：

```
A="输入提示": B="现在输入坝顶高程"
```

a=Val(Inputbox(B, A))的输入框见图 2.5。

图 2.5 输入框的形式

输入函数仅用零星数据的输入，大量数据应采用其他方法。

2.2.7 信息函数

信息函数是一个信息对话框，当需要人机对话时，设计者可根据自己的要求，设计相应的对话框及对话框上所需的按钮。当用户单击选定某一按钮后，系统将该按钮的值赋给一个整型变量，用户可根据该值进行相应的代码判断。信息函数的常用格式如下：

```
<整型变量名>=MsgBox("正文串",按钮串,"标题串")
或者：MsgBox "正文串",按钮串,"标题串"
```

正文串或标题串为常量时，要用双引号，按钮串是用系统常数表示的可任意按需组合的按钮命令。按钮的系统常数及其整型值见表 2.7。由表 2.7 知，下列代码弹出的消息框应如图 2.6 所示。

```
I= Msgbox ("要保存文件的修改吗?", VbYesNoCancel, "保存提示")
```

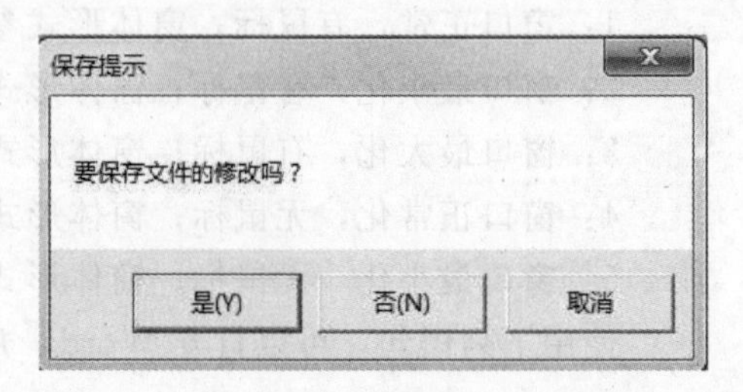

图 2.6 消息框

若将上述代码中的系统常数，改为按钮值：

I=Msgbox("要保存文件的修改吗?", 3, "保存提示")。效果是一样的，但按钮值不易记忆。

表 2.7　**按钮的参数值及其含义**

分　组	系统常数	值	描　　述
按钮类型	VbokOnly	0	只显示 OK 按钮
	VbOkCancel	1	显示 OK 及 Cancel 按钮
	VbAbortRetryIgnore	2	显示 Abort、Retry 及 Ignore 按钮
	VbYesNoCancel	3	显示 Yes、No 及 Cancel 按钮
	VbYesNo	4	显示 Yes 及 No 按钮
	VbRetryCancel	5	显示 Retry 及 Cancel 按钮
图标类型	VbCritical	16	显示 Critical Message 图标
	VbQuestion	32	显示 Warning Query 图标
	VbExclamation	48	显示 Warning Message 图标
	VbInformation	64	显示 Information Message 图标
默认按钮	VbdefaultButton1	0	第一个按钮是默认值
	VbdefaultButton2	256	第二个按钮是默认值
	VbdefaultButton3	512	第三个按钮是默认值
模式	VbApplicationModal	0	应用程序强制返回；应用程序一直被挂起，直到用户对消息框作出响应才继续工作模式
	VbSystemModal	4096	系统强制返回；全部应用程序都被挂起，直到用户对消息框作出响应才继续工作

表中所列的按钮组合，仅是常用的一部分，用户可依据自己的需要，做出更多的组合。当用户单击消息框上的任一按钮后，系统将该按钮的值返回。Msgbox 上的按钮返回值见表 2.8。

表 2.8　**MsgBox 函数的返回值**

系统常数	返回值	描述
VbOK	1	确定
VbCancel	2	取消
VbAbort	3	终止
VbRetry	4	重试
VbIgnore	5	忽略
VbYes	6	是
VbNo	7	否

下列代码将使消息框的内容更为丰富：

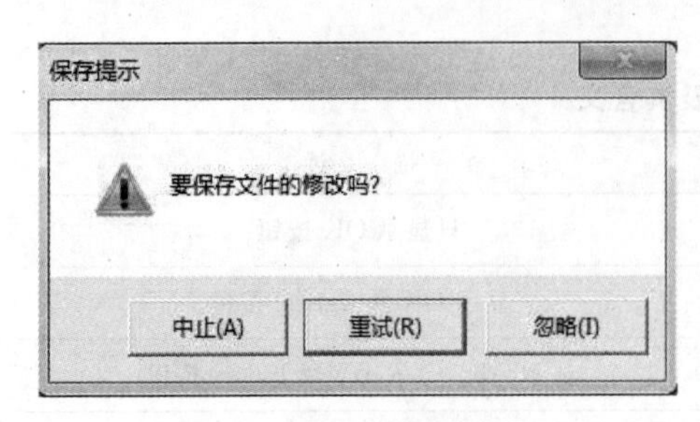

图 2.7　更为丰富的消息框

```
I = MsgBox("要保存文件的修改吗?", VbAbortRetryIgnore + VbQuestion + VbCritical + VbDefaultButton2, "保存提示")
```

其中 VbAbortRetryIgnore 产生三个按钮，VbQuestion＋VbCritical 产生⚠，VbDefaultButton2 指出第二个按钮为默认按钮，其上有焦点，见图 2.7。此时用户按下回车键与鼠标在重试按钮上单击效果一样。

2.3　水利工程常用控件设计

VB 的控件有两类：一类是常用控件，在工具箱显示后就可看到 20 个控件，这类控件使用非常简单；另一类是 Active X 控件，这类控件数目庞大，占用很多内存，在 VB 启动时为节省内存，而不将它们放入工具箱。用户要使用它们时，需在工具箱上右击→选部件…→可供选择的 Active X 控件包打开→用户在欲选控件的复选框单击选定，该控件便添加到工具箱中。进入工具箱后的 Active X 控件，与常用控件一样，单击选定，在窗体适当位置按下鼠标，拖出图标→在属性窗中设定所需的属性，再进行代码设计即可。Active X 控件的具体使用、设计等见以后章节。本节在第 2 章节介绍的五个控件基础上，再介绍一些常用控件。

2.3.1　框架（Frame）

框架是将一组具有相似功能的控件放在一起，组成一个操作集合体的控件。绘制框架必须在前，之后再向其中添加其他控件，否则框架不接受。框架的主要属性是 Caption、Enabled、Visible、FontName、FontSize 和 ForeColor 等。

Caption 是框架的标题，用于提示该框架内的所有控件的组合功能。若无标题，则框架是一个闭合的框。

Enabled 值取 True 或 False。当为 False 时，框架内的所有控件均被屏蔽无法操作，且框架变为灰色。利用该属性，可以使用户在不满足某些条件时，无法对其中控件进行操作。

Visible 值取 True 或 False，当为 False 时，框架及框架内的所有控件均被隐藏起来。

FontName 是为其标题设置相应的字体，FontSize 设置标题的字号，ForeColor 设置标题字体的颜色，BackColor 用来设置整个框架区域的背景色。

框架的事件过程如 Click、DblClick 等均不常用。

2.3.2　列表框（Listbox）

列表框与组合框中的每一行称为一个项（Item）。用户可以从列表框中选择一个或多个项，但只能选择项，不能输入项。当其高度与单行文本高度相同时，见图 2.8

左侧第1列，当其List属性中的部分文本显示时，见图2.8左侧第2列，当其List属性中的全部文本显示时，滚动条消失，见图2.8右侧第1列。

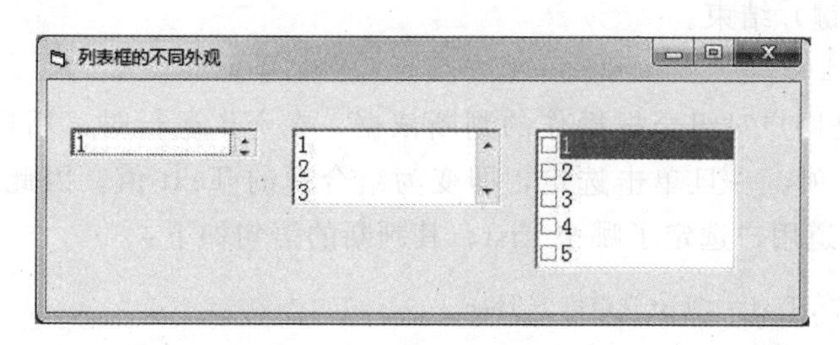

图2.8 列表框的不同外观

列表框的一些特殊属性如下。

1. Style属性

用于设置列表框中List的外观。当Style=0时，List列表项前无复选框，用户只需单击任一列表项即可选中；当Style=1时，List列表项前有复选框，用户要选择任一列表项，只能单击该项前的复选框。

2. MultiSelect属性

用于规定List列表项的复选操作。MultiSelect=0、1和2。0表示禁止复选（默认）；1表示可复选；2表示扩展复选。

3. Selcount属性

用于确定列表项中被选中的数目，若无选中项，Selcount=0。

4. Selected属性

表示任一列表项是否被选中，其值为True或False。判断某列表项是否选中的代码如下：

```
<列表框名>.Selected(<索引值>)=[<属性值>]
```

其中<索引值>是指列表项的Index值，默认从0开始。

2.3.3 组合框（ComboBox）

组合框是由文本框和列表框组合而成，同时具有文本框和列表框的功能，既可以输入项也可以选择项。组合框和列表框具有非常相似的属性与方法，但其外观与列表框有明显的不同。组合框的作用是为用户提供下拉按钮，供操作选择。其常用属性如下。

1. Style属性

组合框有3种可选形式：当Style=0（默认）时，由下拉列表框和文本框组成。当Style=1时，由文本框和无下拉的列表框构成。这两种形式的组合框，用户既可以在组合框中输入字符串，也可以在下拉列表框中选择字符串。当Style=3时，用户只能在下拉列表框中选其中的字符串而无法输入。

2. List属性

List属性是组合框的下拉列表所具有的属性。在设计状态下，可以单击选定组合框→在属性窗中选定 List 属性→单击下拉按钮→List 的列表框打开→此时可按需要输入。组合框下拉表的字符串信息，每输完一行软回车（即按 Ctrl+Enter 键）→…→回车（按 Enter 键）结束。

3. Text 属性

Text 属性是用户对组合框操作的判断依据。在 VB 运行时，用户可在下拉列表中选任意的 List 项，一旦单击选定，即变为组合框的 Text 值。因此，判断 Text 的当前值，即可知道用户选定了哪个 List。其判断的语句如下：

```
If ＜组合框名称＞.Text=＜List 选定值＞ Then
  ＜语句序列＞
End If
```

一个典型的组合框设计见图 2.9。其设计步骤如下：

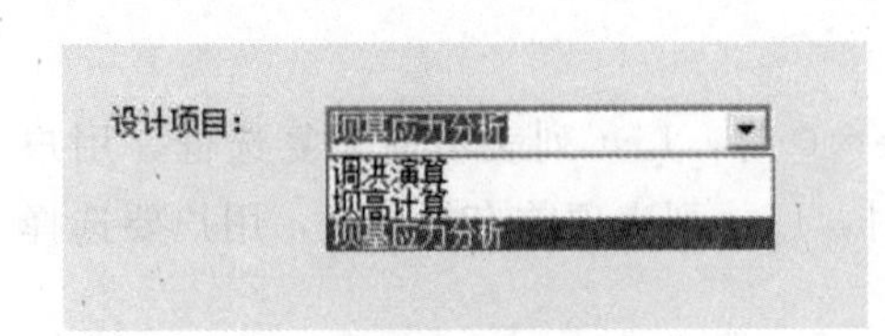

图 2.9　常见的组合框

（1）设计组合框标题：因组合框无 Caption 属性，故设计 Label 框作为其标题。在工具箱中选定 Label 单击→在窗体适当位置按下拖动，合适松开→在属性中删除其 Caption 属性值，改写为“设计项目:”。

（2）建组合框：在工具箱中选 ComboBox→在窗体上拖出→在属性窗中，将其 Text 属性删除→再选其 List 属性→单击下拉钮打开 List 框→输入调洪演算→按 Ctrl+Enter 键→坝高计算→按 Ctrl+Enter 键→坝基应力分析→按 Enter 键结束。

组合框的常用方法是 AddItem、Clear 和 RemoveItem 等。对于 AddItem，其作用是添加组合框中的 List 项目。格式如下：

```
＜组合框名＞.AddItem＜添加项目字符串＞[,索引值]
```

其中，＜添加项目字符串＞是字符串型表达式或串常量，表示要添加到以组合框名为名的组合框中新增的 List 项目；索引值为可选项、整型值，规定新添项目应在第几项。若给出的索引值有效，则＜添加项目字符串＞将出现在索引的相应位置；若省略索引值则系统将根据组合框的另一属性 Sorted（排列组合框中的字母顺序）来确定＜添加项目字符串＞的位置；当 Sorted 为 True 时，则＜添加项目字符串＞将按字母升序排列放在适当位置；反之，则将添加项目放到组合框中的尾部。

Clear 方法是可用来消除组合框中的内容。其格式如下：

```
＜组合框名＞.Clear
```

需要注意的是，当代码执行到 Clear 时，系统将组合框中的内容清除，但当工程再次运行时，组合框中用 List 属性设置的内容仍存在。

RemoveItem 方法与 AddItem 方法相反的，它是规定删除组合框中 List 的某一项，其格式如下：

<组合框名>.RemoveItem[索引值]

当省略索引值时，系统将组合框中的全部 List 项目删除。

组合框的事件过程，主要有 Click、Dbclick 和 Change 等。

2.3.4 计时器（Timer）

计时器的更多作用是在窗体运行时，按代码规定的时间间隔来触发时间，完成与时间相关的控制工作。计时器最常用的属性就是时间间隔 Interval。其值以毫秒为单位，范围为0～65535。当 Interval=1000 时，与现实的一秒是等同的。若要一秒钟内触发 n 次计时事件，则应将时间间隔设为 $1000/n$。另外，要实现计时功能，还应将 Timer 的 Enabled 属性设为 True。

计时器的事件过程如下：

Private Sub<计时器名称>_Timer()

【例 2.2】 在窗体 Form1 上建 Label1，其标题为“动画表演”，建 Label2，其标题为“表演时间还有：”，然后建 Text1，用于显示表演动画的倒计时，将 Form1 的标题显示为运行中的日期和时间。再在窗体上建两个计时器 Timer1 和 Timer2。其中 Timer1 用于控制动画的移动速度，Timer2 用于倒计时。用 Command1 控制两个计时器，见图 2.10。将上述控件放于窗体上，对各自的初始属性值进行设置，并同时编写代码：

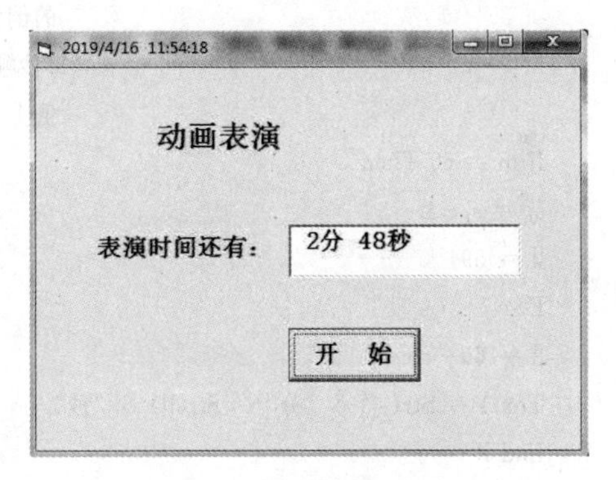

图 2.10 动画与计时演示

（1）在窗体的通用_声明中，声明时间 sj 为窗体级全局变量。

```
Public sj As Integer
```

注意：通用_声明的位置只能放在所有事件过程之前，否则系统将提示出错。进入通用_声明的方法是在代码窗口中，单击对象下拉钮，选通用，则过程框中会自动出现声明。

（2）用命令钮 Command1 控制动画表演的时间间隔及总时间。

```
Private Sub Command1_Click()
  Timer1.Interval = 100                    '使 Label1 的标题运动速度为 1/10 秒
  Timer2.Interval = 1000                   '使倒计时时间与物理时钟一致
  sj = Val(InputBox("输入表演的总时间(分钟)", "提示"))
  sj = sj - 1
End Sub
```

（3）用 Timer1 设置 Label1 的移动速度。

```
Private Sub Timer1_Timer()
  ww: Label1.Left = Label1.Left + 25
  If Label1.Left >= Label1.Width Then '将标题重置到起始位置
  Label1.Left = 0
  GoTo ww
  End If
End Sub
```

（4）用 Timer2 设置倒计时。

```
Private Sub Timer2_Timer()
  Form1.Caption = Date & "  " & Time 'Form1 标题显示当前日期和时间
  Static m As Integer, ll As Single        '定义静态变量 m 为秒数,ll 为秒
                                             的倒计时
  m = m + 1                                '每秒触发一次 Timer2,m 在原
                                             值上加 1 秒
  If m = 60 Then
  sj = sj - 1
  ll = 59
  Else
  ll = 60 - m
  Text1 = Str(sj) & "分" & Str(ll) & "秒"              '显示分和秒
  End If
  If sj < -0.01 Then
  Text1 = "表演完毕"
  Label1.Visible = False                           '若倒计时到,则动画表演将看不到
  End If
End Sub
```

2.3.5　单选按钮与复选框

单选按钮（Option Button）在窗体上是以组合的方式放在框架中出现的，且有排它的唯一性。即在一个框架中，无论有多少个单选按钮，当前只能有一个是选定状态，这就是单选按钮的作用。相比之下，复选框（Check Box）具有很好的兼容性，可以选定多个乃至全部窗体的复选框。也就是说，单选按钮控件在其组内，任意时刻最多只能选择一项而且必须选择一项；复选框控件则可以在 0～所有项之间任意选择。

单选按钮的常用属性如下：

（1）Value 属性。表示单选按钮的状态，Value 属性值为 True，表示选中了该单选按钮，显示一个黑点“·”，为 False 则没有选中。

（2）Style 属性。设置单选按钮的显示样式。Style 属性值有两个：0 - Standard（标准样式，默认设置）、1 - Graphical（图形样式）。

复选框的常用属性如下：

（1）Value 属性。表示复选框的状态。Value 属性值为 1 – Checked，表示选中了该复选框，显示一个“√”，为 0 – UnChecked，则没有选中，为 2 – Grayed，则复选框为灰色，表示不可用。

（2）Style 属性。设置复选框的显示样式。Style 属性值有两个：0 – Standard（标准样式，默认设置）、1 – Graphical（图形样式）。

单选按钮和复选框的主要事件过程是 Click，主要方法有 Click、Move 和 Setfocus 等。

2.3.6 滚动条

滚动条（Scrollbar）是用来帮助用户观察数据，浏览信息的控件。滚动条又分为垂直滚动条（Vscrollbar）和水平滚动条（Hscrollbar）两种。它们可以单独使用，也可以与其他控件如文本框、纯文本框等联合使用。

滚动条的常用属性如下：

（1）Max 与 Min 属性。用来确定滚动条中滑块的可移动区间，其值在－32768～32767 之间。Max 用来确定滚动条中滑块最大端（右侧）值，Min 用来确定滚动条中滑块最小端（左侧）值。

（2）Value 属性。用来确定滑块的当前位置值，显然 Min≤Value≤Max。

（3）Smallchange 与 Largechange 属性。Smallchange 是指用户单击滚动条两端箭头按钮时，滑块每次滑动的增量值；Largechange 是指用户单击滑块中的空白处时，每次单击时滑动的增量值。对于常见的一些软件，滑块的 Largechange 一般比 Smallchange 大 2～5 倍。

滚动条的事件过程主要是 Change 和 Scroll，用户在滑块空白处和两端箭头上的滚动条任何地方单击，就触发 Change 事件。只有当用户按下滑块时触发 Scroll 事件，松开滑块仍发生 Change 事件。

【例 2.3】 在 Form1 窗体上，建一个垂直滚动条（名为 VS1），建三个文本框。Text1 中将滚动条移动值的变化，显示为背景颜色的变化，Text2 用于测试滚动条的移动值，Text3 将滚动条移动值的大小显示为字号的大小。其中将 Text3 的 Multiline 属性设为 True，Scrollbars 属性设为 1。编写代码如下：

（1）用 Form _ Load 事件规定滚动条的属性初值。

```
Private Sub Form_Load ()
  VS1. Min=0
  VS1. Max=1000
  VS1. SmallChange =5                    '规定箭头按钮的变化值
  VS1. Largechange =20                   '规定滑块在空白处的变化值
End Sub
```

（2）定义滚动条的 Change 事件。

```
Private Sub VS1_Change()
  Text1. Back Color=VS1. Value
```

```
    Text2=Str(VS1.Value)
    Text3="没按滑块"
    Text3.Fontsize= VS1.Value
End Sub
```

（3）定义滑块的 Scroll 事件。

```
Private Sub VS1_Scroll ()
    Text1. BackColors=VS1.Value
    Text2= Str(VS1.Value)
    Text3="按下滑块"
    Text3.FontSize= VS1.Value
End Sub
```

运行，按住滑块滑动和单击箭头按钮，将在 Text1～3 中出现不同的结果。运行结果见图 2.11。

图 2.11　滚动条事件测试

第3章 Visual Basic 6.0代码设计

如果说窗体、控件等构成了VB工程的外观，那么代码设计则是VB工程的灵魂。开发一个软件，外观设计是否合理、是否美观很重要，但更重要的是支持这些控件外观的代码必须准确无误、科学合理。本章将结合水利工程规划设计等问题，就代码设计的格式、结构及设计要领等进行介绍。

3.1 选择结构

VB的选择结构，主要包括If-Then语句结构、Goto结构、Select Case结构、IIf函数与Choose函数、Exit结构。

3.1.1 If-Then结构

第2章已经介绍了基本的If-Then结构。实际上，根据问题的不同，If-Then结构有很灵活的形式。

1. 单行If-Then结构

当判断条件不多时，可以使用该结构，其格式如下：

```
If <条件式> Then <语句组>
```

例：y=3x−1　(x<0)

可写为：If x<0 Then y=3 * x−1

实际上在<语句组>中，不仅可包括其他语句，而且可包括多层If-Then结构，但是这时会显得该句过于冗长。

2. If-Then块结构

当满足某条件，但其后的代码比较多时，可以使用多行的If-Then格式：

```
If <条件式> Then
  <语句组>
End If
```

例：当渠道的内坡$m>0$时，其过流断面面积为$A=bh+mh^2$，湿周为$\chi=b+2h\sqrt{1+m^2}$，水力半径为$R=A/\chi$，谢才系数为$C=R^{1/6}/n$。

写成VB代码为：

```
If m>0 Then
  A=b * h+m * h * h
```

```
  X=b+2*h*sqr(1+m*m)
  R=A/X: C=R^(1/6)/n
End If
```

3. If - Then - Elseif 块结构

该结构在第 2 章中有过介绍，不再赘述。

4. 多层 If - Then - Elseif 结构

当判断条件式过多时，编程人员很容易出错，建议采用缩进式编写方法，使每一层结构更清楚，具体如下：

```
If <条件式 1> Then
  <语句组 1>
Else
    If <条件式 2> Then
    <语句组 2>
  Else
    If <条件式 3> Then
    <语句组 3>
    Elseif <条件式 4> Then
    ……
    Else
    ……
    End If
  End If
End If
```

需要指出的是，多行或多层的 If - Then 语句块中，若出现控制转移语句 Goto，则只能在块内转移，或退出 If - Then 语句块，但不能越过 If 而进入其他的 If - Then 块。

3.1.2 Goto 结构

Goto 结构属于无条件转移，其格式如下：

```
……
Goto<行标志>
  <语句组 i>
<行标志:> <语句组 k>
```

这里的<行标志>，可以是数字或字母。<行标志>后必须加“:”。例如：

```
……
Goto kx
  <语句组 i>
kx:<语句组 k>
```

3.1.3 Select Case 结构

Select Case 结构与 If - Then - Elseif 结构很相似，但 If - Then - Elseif 结构适用于多个条件，对于每个条件做不同的工作，而 Select Case 是针对某一个条件，当满足不同值时，做不同的工作。其格式如下：

```
Select Case<测试表达式>
  Case<表达式的值 1>
    <语句组 1>
  Case<表达式的值 2>
    <语句组 2>
    ……
  Case<表达式的值 n>
    <语句组 n>
  [Case else
  <语句组 n+1>]
End Select
```

其中：<测试表达式>为数值型或字符串型表达式；<表达式的值 i>可以是以下几种形式：

（1）Case <数值> 如：Case 5

（2）Case <表达式> 如：Case i/j（i，j 已赋过值）

（3）Case <字串常量> 如：Case “open”

（4）Case <数值 1> To <数值 2> 如 Case 1 To 2

（5）Case Is <关系表达式> 如 Case Is>100

（6）Case <数值序列 1> To <数值序列 2> To…To<数值序列 n>

例如 Case3，5，9，18 To 200，400 to 800

VB 执行到 Select Case 块时，首先将<测试表达式>的值算出来，然后与每一个 Case 后面的<表达式的值 i>进行比较，若相同，则执行该段的<语句组>，若不同，则继续与以后的 Case 后面的值进行比较。若均不相同，则执行 Case Else（可选项）后面的语句组，最后结束 Select Case 块。

【例 3.1】 在窗体上制作一个四则运算器，见图 3.1。其中窗体上部依次为 Text1～4。Text2 中要求微机自动判断给出的运算符＋、－、×、÷（整除）。当用户单击“出题”按钮时，Text1、Text3 中有值，Text2 中有运算符，光标在 Text4 中等待用户输入完毕，用户应单击“＝”，计算机判断是否正确，并将结论放于答案的单选按钮 Option1 或 Option2 中。设计思路如下：

操作演示 3.1

（1）按题意要求，将九个控件依次放于窗体的相应位置上。

（2）代码设计。

```
Private Sub Command1_Click()
  Dim a As Integer
  Option1. Value = False
```

```
Option2. Value = False
Text4. Text = ""
Randomize
Text1 = 1000 * Int(Rnd * 5): Text3 = 100 * Int(Rnd * 5)
a = CInt(Rnd * 4)
If a = 0 Then Text2 = "+"
If a = 1 Then Text2 = "-"
If a = 2 Then Text2 = "×"
If a = 3 Then Text2 = "÷"
Text4. SetFocus
End Sub
Private Sub Command2_Click()
Select Case Text2
  Case "+"
  t4 = Val(Text1) + Val(Text3)
  If Text4. Text = CStr(t4) Then
    Option1. Value = True
  Else
    Option2. Value = True
  End If
  Case "-"
  t4 = Val(Text1) - Val(Text3)
  If Text4. Text = CStr(t4) Then
    Option1. Value = True
  Else
    Option2. Value = True
  End If
  Case "×"
  t4 = Val(Text1) * Val(Text3)
  If Text4. Text = CStr(t4) Then
    Option1. Value = True
  Else
    Option2. Value = True
  End If
  Case "÷"
  t4 = Val(Text1) \ Val(Text3)
  If Text4. Text = CStr(t4) Then
    Option1. Value = True
  Else
    Option2. Value = True
  End If
End Select
```

```
End Sub
```

需要指出的是，本例恰好运用了 If - Then 控制和 Select Case 块结构，从而使代码的结构更加趋于完善。但代码运行中，有可能出现零做分母，请读者思考一下，这时应如何修改代码，使四则运算的设计更为合理。

3.1.4 IIf 函数与 Choose 函数

IIf 函数和 Choose 函数，都是 VB 用来选择判断的标准函数。二者的作用和区别如下。

1. IIf 函数

IIf 函数的格式如下：

<变量>=IIf(<条件表达式>，<条件为真时表达式 1>，<条件为假时表达式 2>)

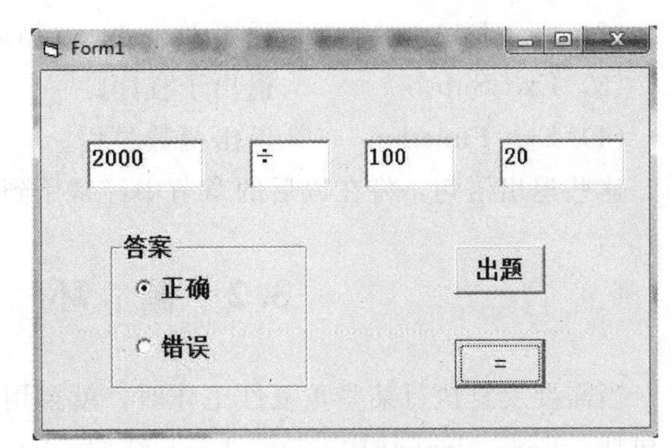

图 3.1 四则运算器

其作用是：VB 首先对<条件表达式>、<表达式 1>、<表达式 2>进行计算，当<条件表达式>为 True 时，将表达式 1 的值赋给变量，否则将表达式 2 的值赋给变量。显然，IIf 适用于一个条件，两个分支的计算问题。例如：

$$Q=\begin{cases} mh^2+10, & h<5 \\ bh\sqrt{2gh}, & h\geqslant 5 \end{cases} \tag{3.1}$$

可用 IIf 函数写为：

```
Q = IIf(h<5, m * h^2+10, b * h * Sqr(2 * 9.81 * h))
```

这里需要注意两点，一是<表达式 1、2>可以为任意形式的表达式，像字符串型、数值型均可；二是若为数值型，由于两式均参加了运算，故不能有数字的错误(特别是分母为零会导致运行中断)。

2. Choose 函数

Choose 函数的格式如下：

Choose(<算数表达式>，<选项 1>，<选项 2>，……，<选项 n>)

或{变量名}=Choose(<算数表达式>，<选项 1>，<选项 2>，……，<选项 n>)

其作用是：VB 首先将<算数表达式>，<选项 1，2，…，n>表达式的值全部计算，其次根据算数表达式的整数值 i，取第 i 选项的值赋给变量名。若<算数表达式>的整数值超过<选项 n>，系统将 Null 返回变量名。其中，<选项 i>可为任意的数值型或字符串型、变量，也可以是函数过程名，而变量名的类型由选项的变量类型决定，故该变量名必须为可变型变量。

例如：student=Choose(Someday，“张三”，“李四”，“王五”，“赵六”，“姜七”)

如果使 Someday=4，则周三的值日生= “赵六”。

例如：d=Choose(k，a * x/y，Sum(2))

如果 k=2，则去调用名为 Sum 的函数过程，并将函数 Sum(2)的值返回到 d。

3.1.5　Exit 结构

当 VB 完成了规定任务或为了防止代码进入死循环，此时可用 Exit <VB 保留字>来退出。常用的 Exit 结构如下：

（1）Exit For　　　　退出 For-Next 循环。

（2）Exit Do　　　　退出 Do-Loop 循环。

（3）Exit Sub　　　　退出子程序。

（4）Exit Function　　退出函数过程。

这些退出语句，将在以后的章节中经常用到。

3.2　循　环　结　构

当需要反复执行某些重复性工作时，就要用到循环结构。循环结构的 VB 语言主要包括：For-Next 结构、Do-Loop 结构、For Each-Next 结构。

3.2.1　For-Next 结构

For-Next 结构是 VB 已知循环起点、终点和循环步长时，最常用的一种结构。其格式如下：

```
For <循环变量>=<循环初值表达式> To <终值表达式> [Step<循环步长表达式>]
  <循环体>
Next [<循环变量>]
```

其中：循环初值、终值及步长表达式均为数值型常、变量或表达式；循环变量为整型变量。该语句的作用是，当 VB 执行到 For 语句时，首先计算出循环初值表达式、终值表达式及步长表达式的值，并对终值表达式的值取整，然后将当前值与终值比较。若当前值尚未超过终值，则加上步长的整数值，进入循环体计算。反之则退出循环体执行 Next 以后的语句。

由以上分析可见，For-Next 语句的循环次数为 n=int [（终值−初值）/步长+1]。步长表达式的值可为正或负值，若步长为 1，则可以省略 Step。对于单重循环，Next 后的变量也可以省略。对于多重循环，Next 可以采用简写。如：Next i：Next j，可简写为 Next i，j。由于 VB 只计算一次初、终和步长表达式的值，故循环体内对初、终、步长表达式的值进行任何改变都是无效的。

操作演示 3.2

【例 3.2】　在窗体上建一个组合框（Combo1），其 List 属性分别为均匀流水深和临界流水深；一个 Command1 用于计算；一个 Text1 用于输出。试以 For-Next 为主体编写代码。窗体的设计见图 3.2。

明渠均匀流流量 Q（m^3/s）计算公式为

$$Q=\frac{\sqrt{i}\,(bh+mh^2)^{5/3}}{n\,(b+2h\sqrt{1+m^2})^{2/3}} \tag{3.2}$$

临界流水深对应着断面比能曲线如图 3.3 中的最小值。断面比能公式为

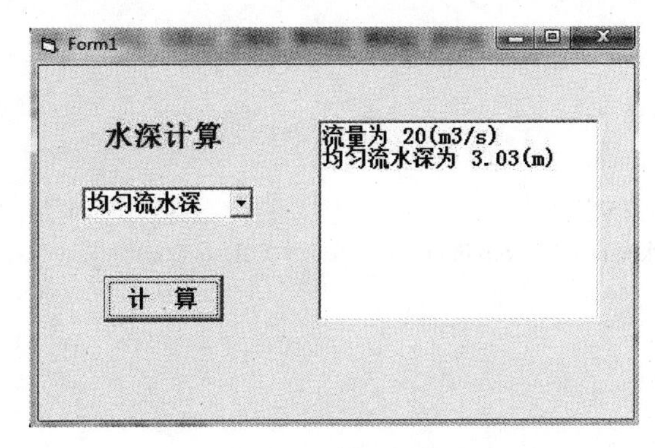

图 3.2 临界流水深计算窗口

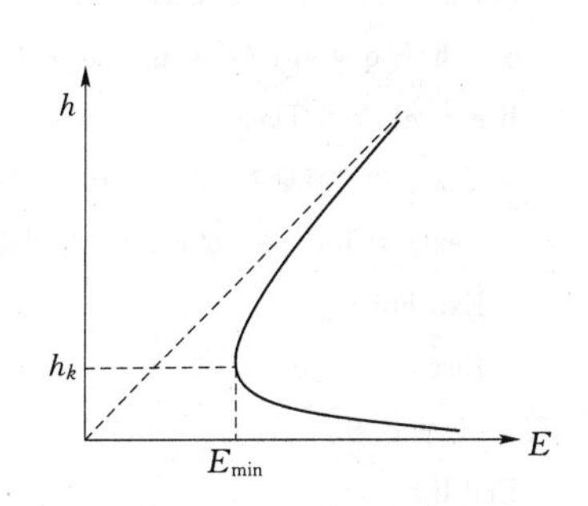

图 3.3 断面比能曲线

$$E = h + \frac{Q^2}{2g\ (bh)^2}(\mathrm{m}) \tag{3.3}$$

当 $E \to E_{\min}$ 时，$h \to h_k$（临界水深）。

1. 明渠均匀流水深设计思路

对于这类具有明确的 $Q=f(h)$ 的关系的公式（其中 Q 已知），最简单的方法是采用逐步逼近法。即：先令 h=很小值（或很大值，根据实际问题分析确定）→计算 Q，如果计算的 Q 与已知的流量 Q 相差很大，不断对 h 增加步长直到计算的 Q 与已知的流量 Q 相差很小时，则对应的 h 为均匀流水深。

2. 临界流水深设计思路

由临界流公式及由图 3.3 可知，当 $h \to +\infty$，$E \to +\infty$时。当 h 逐渐减小时，E 会先减小后增大，当出现 E 先减小后增大所对应的断面水深便为临界水深。

已知梯形渠道的糙率 $n = 0.025$，底宽 $b = 5\mathrm{m}$，边坡坡度 $m = 2$，纵坡 $i = 1/10000$，通过的流量 $Q = 20\mathrm{m}^3/\mathrm{s}$。

代码编写如下：

```
Private Sub Command1_Click()
 Select Case Combo1. Text
   Case "均匀流水深"
   n = 0.025: b = 5: m = 2: i = 1 / 10000: q = 20
   For h = 0.0001 To 100 Step 0.001
   qs = Sqr(i) / n * (b * h + m * h * h) ^ (5/3) / (b + 2 * h * Sqr(1 + m * m)) ^ (2/3)
   If Abs(qs - q) <= 0.1 Then
     h = Int(h * 100) * 0.01
     Text1 = "流量为" & Str(q) & "(m3/s)"
     Text1 = Text1 & vbCrLf & "均匀流水深为" & Str(h) & "(m)"
     Exit For
   End If
   Next
   Case "临界流水深"
   q = 20: b = 5: g = 9.8
```

```
        e1 = 10000000000#
        For h = 100 To 0.01 Step -0.01
        e = h + q * q / (2 * g * b * b * h * h)
        If e - e1 > 0 Then
          Text1 = "流量为" & Str(q) & "(m3/s)"
          Text1 = Text1 & vbCrLf & "临界流水深 hk=" & Str(Int(100 * h+0.5) * 0.01) & "(m)"
          Exit For
          Else
          e1 = e
        End If
        Next
      End Select
    End Sub
```

需要指出的是，对于工程问题循环初始值是从最小值还是最大值开始，应对具体工程函数进行分析，掌握函数的大体变化趋势之后再确定。想想看，求临界水深的初值如果从零开始，有何问题？如果从很小值开始，又有什么问题？另外本例的循环初、终值的选择也比较勉强，最好采用下面的 Do - Loop 结构。

3.2.2 Do - Loop 结构

当某语句块需要重复执行，但执行次数又不确定时，就可以使用 Do - Loop 结构。Do - Loop 结构有两种形式。

1. 前测型

前测型 Do - Loop 结构格式如下：

```
Do [While|Until] <条件表达式>
  <循环语句体>
Loop
```

采用 Do While <条件式>，当<条件表达式>的值为真时，执行循环体；而采用 Do Until <条件表达式>，直到<条件表达式>的值为真时，才退出循环体。前测型判断与<条件表达式>给出的条件相一致，不会造成多余的循环。

2. 后测型

后测型 Do - Loop 结构格式如下：

```
Do
  <循环语句体>
Loop [While|Until] <条件表达式>
```

该形式的结构是将判断移到 Loop 来执行，这样 Do 以下的循环语句体至少被执行一次。例如：

```
Do
  I=i+1: Print i
```

Loop while i<1

则在窗体上将显示 1，说明 VB 已经执行了一次循环体，然后才进行了判断。需要注意的是，在 Do…Loop 循环的循环体中必须有明确的语句改变循环条件表达式的值，才能结束循环，否则，将会成为死循环。至于在实际工程中，采用前测型还是后测型，应以工程实际要求为准。

【例 3.3】 在窗体上放置 4 个 Label，4 个 Text，一个 Frame，其内放 3 个 Option，具体设置见图 3.4。

操作演示 3.3

（1）窗体加载后，若 Text1（用于输入计算精度值）中无值，禁止使用单选钮 1 和 2。

（2）当 Text1 中有值时，使 π 值计算和 e^x 计算的单选钮有效。

（3）单击选定 Option1 时，进行 π 的近似值计算，单击选定 Option2 时，进行 e^x 的近似值计算。

（4）任一近似值计算完了，均应对 Option3 单击，以清空 Text1～4、Label2 和 Label4 的内容。

（5）π 和 e^x 值的计算以 Do - Loop 结构为主，计算次数显示在 Text3，近似值显示在 Text4。

（6）π 和 e^x 的近似值计算表达式为

$$\pi = \sqrt{6\left(1+\frac{1}{1^2}+\frac{1}{2^2}+\cdots+\frac{1}{n^2}\right)}\ \left(\frac{1}{n^2}\leqslant 10^{-10}\right) \tag{3.4}$$

$$e^x = 1+\frac{x}{1!}+\frac{x^2}{2!}+\frac{x^3}{3!}+\cdots+\frac{x^n}{n!}\ \left(\frac{x^n}{n!}\leqslant 10^{-10}\right) \tag{3.5}$$

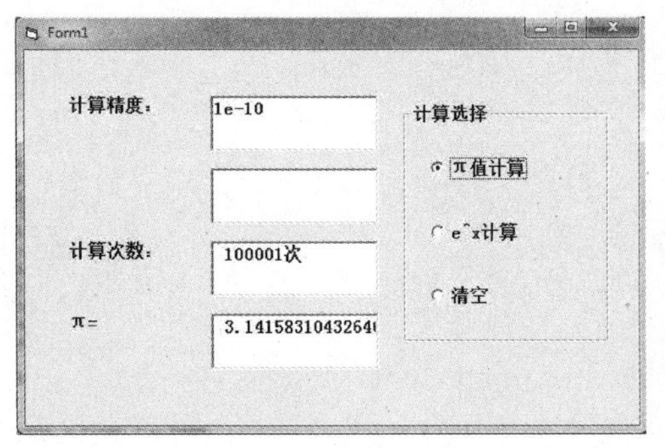

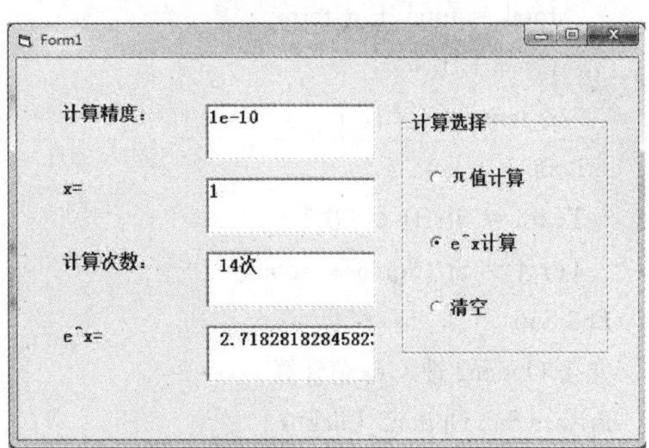

图 3.4　π 和 e^x 的近似值计算

设计分析思路如下：

（1）对于 π 值。在 Text1 输入第 n 项的计算精度要求，使第 n 项 $1/n^2 \leqslant 10^{-10}$ → 令初值：$i=1$，n 项＝1→Do While n _ term>＝Val（Text1）。

当条件表达式值为真，进入 Do 循环体：Total＝Total＋n _ term，i＝i＋1，n 项＝$1/i^2$→Loop；当条件表达式值为假，则表示满足精度要求，输出 Text3＝运算次数 i，输出 Text4＝ $\sqrt{6\times \text{Total}}$ →End Sub。

（2）对于 e^x 的值。用 Text1 输入第 n 项的计算精度要求，用 Text2 输入 x 值→令初值：i＝1，sum＝1，j＝1→进入 Do 循环体→i+i+1，jc＝jc * i，n _ term ＝ x^n/jc，sum＝sum＋ n _ term→ Loop Until n _ term ＜＝Val（Text1）。

首先进入 Do 循环体，当条件表达式值为真时，则表示满足精度要求，输出 Text3＝运算次数 i，输出 Text4＝sum→End Sub。

编写代码如下：

用 Form _ Load 设定窗体初始状态，因为窗体刚显示时并不知道用户要做何种操作，故可先使单选钮 Option1 和 Option2 失效。

```
Private Sub From_Load()
  From1.FontSize = 15
  Option1.Enable = False
  Option2.Enable = False
End Sub
'单击 Option1 进入 π 值计算
Private Sub Option1_Click()
If Text1 = "" Then
  MsgBox "请输入计算精度"
  Exit Sub
  End If
  Label2.Visible = False
  Label4 = "π="
  i = 1：n_term = 1
  Do While n_term >= Val(Text1)
    total = total + n_term
    i = i + 1
    n_term = 1 / i / i
  Loop
  Text3 = Str(i) & "次"
  Text4 = Str(Sqr(6 * total))
End Sub
'单击 Option2 进入 ex 值计算
Private Sub Option2_Click()
  If Text1 = "" Then
  MsgBox "请输入计算精度"
  Exit Sub
  End If
  Label2.Visible = True
  Text2.Visible = True
  Text2.SetFocus
  Label2.Caption = "x="
  Label4.Caption = "e^x="
  x = Val(Text2)
```

```
    If x = 0 Then
    MsgBox "请输入 x 的值"
    Option2 = False
    Exit Sub
    End If
    jc = 1: Sum = 1
    Do
      i = i + 1
      jc = jc * i
      n_term = x ^ (i) / jc
      Sum = Sum + n_term
    Loop Until n_term <= Val(Text1)
    Text3 = Str(i) & "次"
    Text4 = Str(Sum)
  End Sub
  '单击 Option3,使 Text1~4、Label2 和 Label4 恢复初始状态。
  Private Sub Option3_Click()
    Text1 = "": Text2 = ""
    Text3 = "": Text4 = ""
    Label2 = "": Label4 = ""
    Text2. Visible = True
    Text1. SetFocus
  End Sub
  '当用户在 Text1 中输入时,将触发 Text_Change 事件
  Private Sub Text1_Change()
    If Text1 <> "" Then
    Option1. Enabled = True
    Option2. Enabled = True
    Else
    Option1. Enabled = False
    Option2. Enabled = False
    End If
  End Sub
```

3.2.3 For - Each - Next 结构

该结构是只适用于可变型数组，依次调用数组中的每一个元素，其格式如下：

```
For Each <数组元素> In <可变型数组名>
  <语句组>
Next
```

该结构在水电工程中很少用，在以后章节中用到时再进行介绍。

3.3 数　　组

数组由一组有联系的若干元素组成，可大大缩短和简化代码，故在代码设计中很受欢迎。数组常分为两类：一类是固定大小的数组，即数组中的元素个数保持不变，称为静态数组；另一类是元素个数或维数可改变的动态数组。

3.3.1 静态数组

静态数组在使用前，无论其数组中有多少个元素，都必须事先声明。否则 VB 因无法分配内存空间而拒绝接受。声明静态数组的格式如下：

```
＜Public|Private|Dim(Static)＞ ＜数组名＞(＜维数及元素个数＞)[As＜数组类型＞]
```

其中：Public 用于窗体级模块的通用_声明中，该声明使数组在各窗体、各模块、各过程均可见、有值；

Private 用在模块或窗体的通用_声明中，该声明使数组在该模块或窗体中可见、有值；

Dim (Static) 既可以用在窗体模块或标准模块中，定义窗体或标准模块数组，也可以用在事件过程中，所定义的数组在其他过程不可见、无值。

要建立窗体级的声明，可在工程资源管理器添加模块，再在其通用_声明模块中写入相应的声明代码即可。

＜维数及元素个数＞必须用数值明确定义，数组下界默认值为 0，也可以在模块的通用声明段用语句 Option Base 1 设定数组每一维的下界为 1。例如：

```
Public A(10，10) As String
```

定义了 A 数组为窗体级，共有 11×11 个元素的字符串型二维数组；

```
Dim ks(1，2)
```

定义了 ks 数组为过程级，共有 2×3 个元素的可变型二维数组。

当数组定义之后，就可以向其中输入具体的信息，此时虽然数组名不变，但已变为数组中的一个元素。如：

```
ks(1，b)=k
```

表示将变量 k 的值赋给 ks 数组第 2 行第(b+1)列的元素。同理，k=ks(1，b)表示将 ks 数组第 2 行第(b+1)列的元素值赋给变量 k。

3.3.2 动态数组

动态数组指的是在工程初期运行，数组的维数或元素的多少无法得知。

1. 动态数组的格式

动态数组的格式如下：

```
[Public|Private|Dim(Static)] ＜数组名＞( ) As [＜数组类型＞]
```

这样就可以定义一个模糊数组（其维数及元素个数未知）。

2. Redim 重新定义格式

Redim 的重新定义格式如下：

```
Redim＜数组名＞(＜维数及元素＞) As [＜数组类型＞]
```

重新定义一个具有明确维数和个数的数组，此时的定义就可以使用已赋值的变量。例如：

```
Dim sd() as Integer
……
k=7：m=8
Redim sd(k，m) as Integer
```

其中 sd 就是一个动态数组。

Redim 语句可根据实际设计的需要，反复使用。也就是说，用 Redim 语句可不断改变维数和元素的多少。而且数组的模糊定义和数组的重新定义，可以跨模块、跨窗体和跨过程。但应注意，每使用一次 Redim，则前一次用 Redim 声明的数组中的所有值均被清零。如果既想保留原数组中的值，又想改变数组的维数，可使用下面的 Preserve 定义。

3. Redim Preserve 的格式

Redim Preserve 的格式如下：

```
Redim Preserve ＜数组名＞(＜维数及元素＞) As [＜数组类型＞]
```

用该格式定义的数组，既保留了原数组在的元素值，又可对最末维的维数进行增/减。例如：

```
……
Redim sd(a，b) as Integer
……
Redim Preserve sd(c，d，e) As Integer
……
```

则将原二维的动态数组，变成了三维，且保留了原 sd 数组中的值。但应注意：①无论用 Redim 还是 Redim Preserve，均不能改变原数组的类型；②当用 Redim Preserve 使数组的维数减少时，易造成数据丢失；③即使不想改变数组的维数，而只想增加数组中的元素个数且保留数组的数据，使用 Redim Preserve 也是一个好办法。

3.3.3 数组的应用

【例 3.4】 某水闸在规划期，已收集到某水库自 1970 年至 1989 年连续 20 年的河道最大一日洪峰流量，见表 3.1。试用动态数组保存流量，并计算样本的平均流量 Q_{pj} 和离差系数 C_v。

操作演示 3.4

表 3.1　　　　　　　　　　　　　某水库年洪峰流量资料

年　份	流　量/(m^3/s)	年　份	流　量/(m^3/s)
1970	400	1980	450
1971	530	1981	330
1972	600	1982	400
1973	738	1983	360
1974	850	1984	550
1975	920	1985	800
1976	400	1986	600
1977	350	1987	850
1978	200	1988	600
1979	780	1989	1200

设计分析思路如下：

由工程水文学可知，平均流量及离差系数 C_v 的计算表达式为

$$Q_{pj} = \frac{\sum_{i=1}^{n} Q_i}{n} \tag{3.6}$$

$$C_v = \sqrt{\frac{\sum_{i=1}^{n} (Q_{pj}/Q_i - 1)^2}{n-1}} \tag{3.7}$$

显然，由于流量数值过多，以数组保存为好。年份是连续的，故只用简单变量保存第一年的值就可以。要将流量放于数组中，可使用循环（i=1 to 20），用 InputBox 输入，要计算 $\sum_{1}^{n} Q_i$ 应从 i=1 to 20 循环累加，要计算 $\sum_{1}^{n} (Q_{pj}/Q_i - 1)^2$，也必须令 i=1 to 20 进行不断累加。

在窗体上建一个 Picture1 图片框，名称改为 Pic，一个 Command1。代码编写如下：

```
Private Sub Command1_Click()
    n = 20: qsn = 1970
    Dim q(20) As Single
    For i = 1 To n
        zw = "现在输入第" & Str(qsn + i - 1) & "年流量"
        q(i) = Val(InputBox(zw, ""))          '自 1～n 年输入流量
        xq = xq + q(i)                        '流量累加
    Next
    qpj = xq / n                              '流量平均值
    '计算 Cv 值
    For i = 1 To n
```

```
        Sum = Sum + (q(i) / qpj - 1) ^ 2
    Next
    cv = Sqr(Sum / (n - 1))                  '离差系数 Cv 值
    Pic.Cls
    Pic.Print "序号      年份       流量"
    For i = 1 To n
    Pic.Print i; Tab(10); qsn + i - 1; Tab(20); q(i)
    Next
    Pic.Print
    Pic.Print "流量平均值 Qpj="; qpj
    Pic.Print "离差系数 Cv="; cv
End Sub
```

运行后的窗口见图 3.5。

事实上，若把 q 数组改为动态数组，其实用性会更好。请思考如何修改代码？

图 3.5　水文参数计算窗体

操作演示 3.5

【例 3.5】 已收集到某水电站某设计典型年的来水、用水资料，见表 3.2。试确定本典型年的水库不计损兴利库容。要求在窗体上建一个 Command1 钮，一个 Picture1 框，框内的表头与手算表头类似。

设计分析思路如下：

结合表 3.2 中该设计典型年的来、用水状况，使水库蓄水呈现典型的二次复蓄形式。对于二次复蓄（早蓄）方案，由工程水文学知识可知，对于任一月份，当 $W_{来水}-W_{用水}>0$ 时，多余水量就应蓄存于水库中，如此反复。这样就使水库的库容不断变化。当库容超过兴利库容与死库容之和时，就应弃水。弃水量=当月库容+死库容－兴利库容。水库二次复蓄的兴利库容计算过程为：首先将 $m1$、$m2$、$m3$ 和 $m4$ 算出，如图 3.6 所示。当 $m1>m2$ 并且 $m3>m4$ 时，$V_{兴}=\max(m2,m4)$，当 $m1>m2$，$m3<m4$，$m2>m3$ 时，$V_{兴}=m2+m4-m3$，当 $m1>m2$，$m3<m4$，$m3>m2$ 时，$V_{兴}=\max(m2,m4)$，当上述条件均不成立时，应进行多年兴利库容调节计算。

表 3.2　　　　某水电站某设计典型年来水、用水资料

月份	5	6	7	8	9	10	11	12	1	2	3	4
来水量/万 m^3	1700	3200	3800	4500	2200	1300	110	60	80	350	450	720
用水量/万 m^3	1200	1700	1500	2200	1400	400	400	400	300	300	2300	1900

说明：水库的死库容为 100 万 m^3，即五月初为 100 万 m^3。

本代码的设计思路，可以用以上的分析方法，但使用流程图分析大中型程序不仅更直观，而且修改起来更方便，兴利库容的计算流程图见图 3.6。

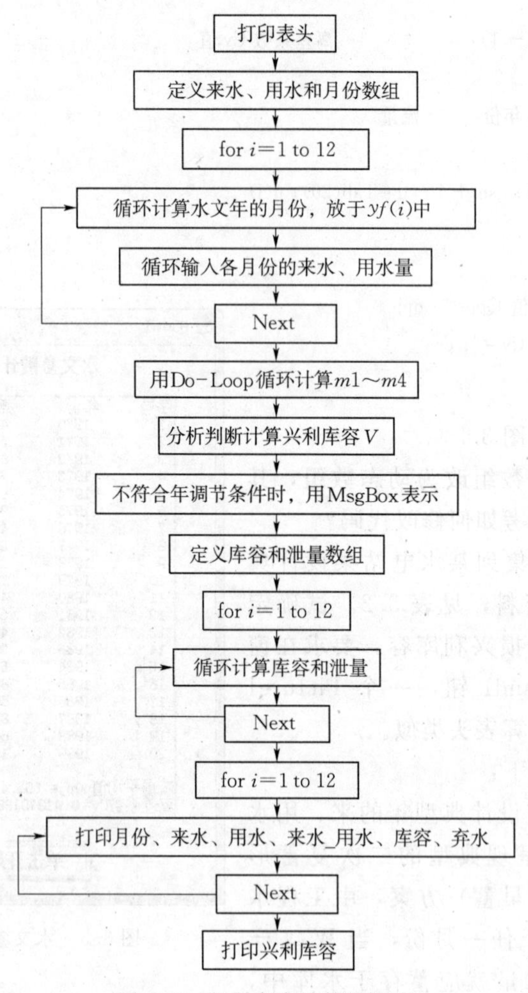

图 3.6　兴利库容计算流程图

根据以上设计思路，编写代码如下：

```
Private Sub Command1_Click()
  Pic.Cls
  Pic.Print "月份        来水      用水              来水－用水              库容      弃水"
  Dim wl(12) As Long, wy(12) As Long, yf(12) As Integer
  yf(0) = 4: bj = 0
  For i = 1 To 12
    yf(i) = yf(i - 1) + 1
    If yf(i) >= 13 Then
    yf(i) = 1
    End If
    ls = "现在输入" & yf(i) & "月份来水量"
    ys = "现在输入" & yf(i) & "月份用水量"
```

```
    wl(i) = Val(InputBox(ls, ""))          'wl(i)—存放各月来水量
    wy(i) = Val(InputBox(ys, ""))          'wy(i)—存放各月用水量
  Next
  Dim wljy(12) As Long
  For i = 1 To 12
    wljy(i) = wl(i) - wy(i)                'wljy(i)—存放来水—用水的余值
  Next
  Do
    j = j + 1
    m1 = m1 + wljy(j)                      'm1—累加各月多余水量
  Loop Until wljy(j + 1) < 0
  Do
    j = j + 1
    m2 = m2 + wljy(j)                      'm2—累加各月亏水量
  Loop Until wljy(j + 1) > 0
  m2 = Abs(m2)
  Do
    j = j + 1
    m3 = m3 + wljy(j)                      'm3—累加各月余水量
  Loop Until wljy(j + 1) < 0
  Do
    j = j + 1
    m4 = m4 + wljy(j)                      'm4—累加各月亏水量
  Loop Until j >= 12
  m4 = Abs(m4)
  If m1 > m2 And m3 > m4 Or m1 > m2 And m3 < m4 And m3 > m2 Then
    v_u = IIf(m2 > m4, m2, m4)
  ElseIf m1 > m2 And m3 < m4 And m2 > m3 Then
    v_u = m2 + m4 - m3
  Else
    MsgBox "对不起,本水库只能使用多年调节法确定兴利库容"
    Exit Sub
  End If
  Dim v(12) As Long
  Dim vq(12) As Long
  v(0) = 100
  For i = 1 To 12
    v(i) = v(i - 1) + wljy(i)              'v(i)—存放各月实际库容
    If v(i) + v(0) > v_u Then
      vq(i) = v(i) + v(0) - v_u            'vq(i)—存放各月实际弃水量
      v(i) = v_u + v(0)
    End If
```

```
    Next
    qs = 0
    Pic.Print Tab(37); "+"; Tab(42); "-"; Tab(55); v(0)
    For i = 1 To 12                              '打印计算内容
      Pic.Print yf(i); Tab(10); wl(i); Tab(20); wy(i);
      If wljy(i) > 0 Then Pic.Print Tab(35); wljy(i); Tab(55); v(i);: If vq(i) > 0 Then Pic.Print Tab(65); vq(i) Else: Pic.Print
      If wljy(i) < 0 Then Pic.Print Tab(40); wljy(i); Tab(55); v(i);: If vq(i) > 0 Then Pic.Print Tab(65); vq(i) Else: Pic.Print
    Next
    Pic.Print: Pic.Print
    Pic.FontSize = 15
    Pic.Print "本水库(不计损)年调节兴利库容为："; v_u; "(万 m³)"
  End Sub
```

运行，单击 Command1 得到如图 3.7 所示的运行结果

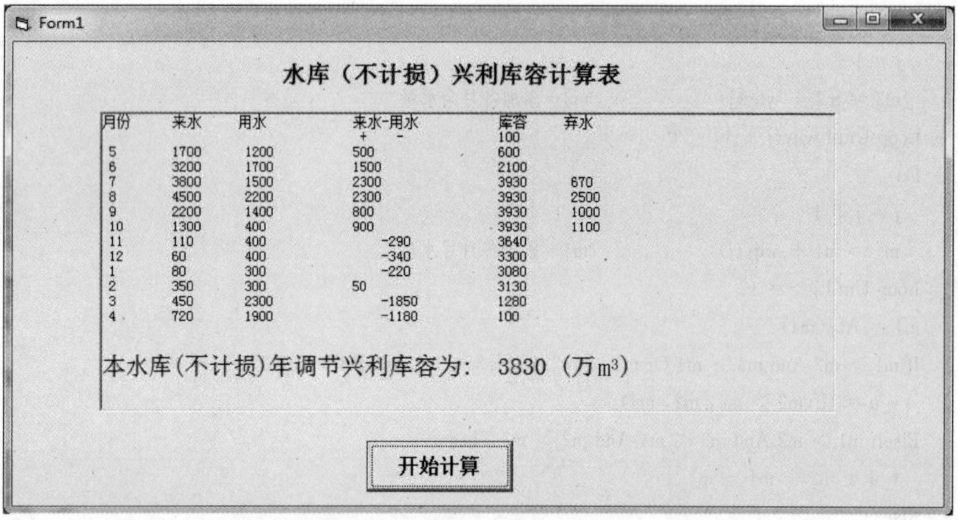

Form1

水库（不计损）兴利库容计算表

月份	来水	用水	来水-用水 +	来水-用水 -	库容	弃水
					100	
5	1700	1200	500		600	
6	3200	1700	1500		2100	
7	3800	1500	2300		3930	670
8	4500	2200	2300		3930	2500
9	2200	1400	800		3930	1000
10	1300	400	900		3930	1100
11	110	400		-290	3640	
12	60	400		-340	3300	
1	80	300		-220	3080	
2	350	300	50		3130	
3	450	2300		-1850	1280	
4	720	1900		-1180	100	

本水库(不计损)年调节兴利库容为： 3830 (万m³)

开始计算

图 3.7 兴利库容计算窗体

3.4 使用顺序文件输入/输出信息

对于大中型 VB 软件，基本上离不开大量信息的输入和输出。如果仅靠现在学过的 Text、Label、Picture 等控件，或 Inputbox、Msgbox 等函数，恐怕太过麻烦。VB 提供了若干手段，可以解决大量信息的输入和输出及管理工作。这里仅为学习方便，介绍一种叫"顺序文件"的输入输出方法。

文件是指保存在外部介质上的信息集合体。介质主要包括打印机、磁盘、屏幕等。文件的类型，按其读写方式常分为三种，即可以随机读写的文件叫读写文件，按字节读写的文件叫比特（字节）文件，按顺序读写的文件叫顺序文件。这三种文件因

读写方式不同，内存空间不同，使用目的也不同，因而有其不同的应用范围。顺序文件，适用于大量信息的有序交流，对该类文件的读写工作只能对其从头到尾有序访问。顺序文件的操作过程，大致分为以下 4 步：

（1）首先用 Word 或者 txt 纯文本（也可以用其他软件）将需输入的信息写入并保存到顺序文件中。

（2）打开该文件，为输入（出）做准备。

（3）实际读入文件的信息，并保存于相应变量中，之后对变量的数值或字符串进行处理。

（4）将处理后的信息输出到文件中（或输出到屏幕、打印机等）。

3.4.1　输入顺序文件

对于 VB 运行期间需要的大量信息，可以一次性写入 Word 中，写入时要注意几个概念。

1. 记录

VB 顺序文件是以一行作一个记录，读文件时一次读取一行，即一次读一个记录。因此，在写文件时就应按这种格式写入。每使用一次回车键换行，就产生一个新记录。

2. 字段

字段是顺序文件的最基本单元。一个字段和另一个字段间，必须以逗号分隔。每个字段读入内存时，对应着一个变量。

3. 文件内容区分

顺序文件中可以写入字符串，也可以写入数值。若 VB 仅处理文本信息，在保存文件时，文件类型可以使用 Word 文档（*.doc）或纯文本（*.txt）等，若既有文本又有数值，必须用“带换行符的 MS－DOS 文本”类型保存。这是一类经过编译的 *.txt 文件。

3.4.2　打开文件为输入/输出做准备

要对 Word 产生的顺序文件进行访问，必须先用 VB 的 Open 语句打开。打开顺序文件的格式如下：

```
Open <文件全名> For<访问方式> As <文件号>
```

这里，＜文件全名＞包括文件的位置（驱\夹）和文件的前、后缀。＜文件全名＞可以是变量，也可以是常量。常量必须用双引号引起。＜访问方式＞包括以下 3 种：

（1）Input：为从顺序文件中读取信息，输入内存做准备。

（2）Output：为从内存输出到顺序文件做准备。若该文件中已有信息，使用这种方法将丢失原有信息；若无此文件，VB 先建立一个空文件。

（3）Append：为续写做准备，其续写的信息添加到文件的尾部，原文件中的内容不会丢失。

＜文件号＞是必需的参数，它为文件规定了一个明确的文件号，其值在 1～511 之间。一般采用直接指定的做法。

例如：Open “C:\Users\hp\Desktop\Mydoc.Txt” For Output As 1 是打开 C:\

Users\hp\Desktop\下的名为 Mydoc.Txt 的顺序文件（文件号为 1 号），为输出（写磁盘）做准备。

又如：Open Filename For Append As 2 是指打开保存在变量名 Filename 中的顺序文件，为添加记录（续写）做准备。

3.4.3　将信息读入内存

使用 Open 的 Input 方式打开文件后，就可以从该文件中读出记录、字段或全文。对应地保存到内存的变量中。

有以下 4 种常用的读入内存格式：

（1）一个记录只有一个字段，使用 Input＃＜文件号＞，＜变量名＞。

（2）一个记录中有 *n* 个字段，使用 Input＃＜文件号＞，＜变量 1＞，＜变量 2＞，…，＜变量 n＞。

（3）将一个记录一次读入一个变量中，若不管其中有多少个字段，使用 Line Input ＃＜文件号＞，＜变量名＞。

（4）要将一个文件中的全部信息，一次全部读入内存的变量中，使用＜变量名＞＝Input(Lof(1)，＜＃文件号＞)。

例如：在 1 号文件中有某个记录，内容是：

```
32,85,19.23,ABCD
```

那么，逐字段读入的正确写法是

```
Input #1, A, B, C, D
```

作为一个变量读入的写法是

```
Input #1, A      (A=32, 85, 19.23, ABCD)
```

将全部的文件内容，一起读入 Text1 中的写法是

```
Text1=Input(Lof(1), #1)
```

需要指出，要使 VB 能区分读入的是数值还是字符串，必须使变量 *i* 与字段 *i* 相对应。当把一个字段存入变量时，存储字段的变量的类型决定了该字段的开头和结尾。当把字段存入字符串变量时，下列符号表示该字符串的结尾：

（1）双引号（"），当字符串以双引号开头时。

（2）逗号（,），当字符串不以双引号开头时。

（3）回车-换行，当字段位于记录的结束处时。

如果把字段写入一个数值型变量，则下列符号表示该字段的结尾：

（1）逗号（,）。

（2）一个或多个空格。

（3）回车一换行。

3.4.4　将信息输出（写）到磁盘

将信息输出到磁盘，就是在 VB 的代码支持下，建立顺序文件（以 Output 方式

打开）或添加新纪录（用 Append 方式打开）。这种写文件的格式是：

```
Print #<文件号>，<输出变量及格式系列>
```

这里的变量，格式与屏幕显示和打印机打印的变量格式、使用方法和实际效果是完全一样的。

如：Picture1. Print Tab(5)；i；Tab(10)；j 和 Print# <文件号>，Tab(5)；i；Tab(10)；j 是完全一样的。

用户要观看实际效果，可以在 Word 中打开顺序文件查看。

3.4.5 顺序文件有关的函数

对顺序文件的操作，有几个常用函数如下。

1. Eof（<文件号>）

该函数用于返回文件是否已结束的布尔型函数。利用 Eof( ) 函数，可以避免文件读入内存时出现“输入超出文件尾”的错误。当文件指针已达到最后一个字段尾的时候，Eof( ) 返回 True，反之，返回 False。

Eof( ) 函数很重要。通常一个顺序文件，其中的记录数、字段数是无人关心的（也没必要知道），我们用 Eof( ) 函数即可测试出来，代码如下：

```
Do While Not Eof(1)
Input #<文件号>，<变量序列>
Loop
```

2. Lof（<文件号>）

用于返回顺序文件的总长度（即字节总数）。

3. Freefile

用于获取当前已打开文件的文件号。

3.4.6 关闭文件

当一个文件已完成打开的工作任务后，为防止误操作等，应立即关闭该文件。关闭文件的格式如下：

```
Close <文件号 1>，<文件号 2>，……
```

要关闭已经打开的一个文件或全部文件，可用：

```
Close
```

应强调的是，一个文件用 Input 打开，只能进行读入工作，而如要进行 Output 或 Append 等输出，只能先关闭，再重新用后者打开。

【例 3.6】 某水电站共观测了 18 年最大三日暴雨资料，见表 3.3。试将其表头名及表内的年份、雨量写入 Word 文件，然后用 Open 方法读入内存的变量，之后按雨量由大到小进行排频，并以“序号　年份　流量　频率”为表头，再继续写到该文件中。经验频率公式：$P(\%)=m/(1+n)\times 100(\%)$。

操作演示 3.6

在窗体上建一个 pic 框（使 pic. Print 和 Print# 的格式一致，以作对照），一个命令钮。

设计思路如下：

表 3.3　　降雨资料表

年　份	雨　量/mm	年　份	雨　量/mm
1987	305	1996	380
1988	440	1997	70
1989	550	1998	350
1990	230	1999	420
1991	460	2000	480
1992	650	2001	510
1993	370	2002	580
1994	430	2003	530
1995	520	2004	540

（1）将表头及数据写入 Word 文件，保存时使用带换行符的 MS-DOS 文本保存（设保存于 C:\Users\hp\Desktop\3-6\jyzl.txt）。

（2）编写代码如下：

```
Private Sub Command1_Click()
    Dim y() As Long, q() As Long, yy() As Long, qq() As Long     '模糊定义年份 Y()和降雨 q()数组
    Open "C:\Users\hp\Desktop\3-6\jyzl.txt" For Input As 1      '打开文件读入准备
    Input #1, dbt                                    '将大表头"降雨资料表"读入
    Input #1, lbt                                    '将小表头"年份　降雨"读入
    Do While Not EOF(1)
    i = i + 1
    ReDim Preserve y(i) As Long, yy(i) As Long '边读边重新定义数组,保留数组已有数据
    ReDim Preserve q(i) As Long, qq(i) As Long
    Input #1, y(i), q(i)
    yy(i) = y(i): qq(i) = q(i)
    Loop
    Close #1                                '输出结束,关闭文件
    n = i - 1: i = 0
    For i = 1 To n - 1
    For j = i + 1 To n
    If q(j) > q(i) Then                        '依雨量由大到小排序
    a = q(i): q(i) = q(j): q(j) = a
    b = y(i): y(i) = y(j): y(j) = b
    End If
    Next j, i
    Open "C:\Users\hp\Desktop\3-6\jyzl1.txt" For Output As 1  '重新打开文件,作写盘准备
    Pic.FontSize = 10.5
```

```
    Pic.Print Tab(5); dbt; Tab(35); "排频计算表"
    Print #1, Tab(5); dbt; Tab(35); "排频计算表"
    Pic.Print: Print #1,
    Pic.Print "年份      降雨      序号        年份      降雨      频率(%)"  '在图片框显示
    Print #1, "年份 降雨 序号 年份 降雨 频率(%)"      '在纯文本文件中打印
    For i = 1 To n
    Pic.Print yy(i); Tab(10); qq(i); Tab(20); i; Tab(30); y(i); Tab(40); q(i); Tab(50); Int(i / (1 + n)
* 1000) * 0.1
    Print #1, yy(i); Tab(10); qq(i); Tab(20); i; Tab(30); y(i); Tab(40); q(i); Tab(50); Int(i / (1 + n)
* 1000) * 0.1
    Next
    Close #1
  End Sub
```

运行后，窗体上图片框显示的格式（图 3.8）和 Word 文件中显示的格式（图 3.9）完全一致。

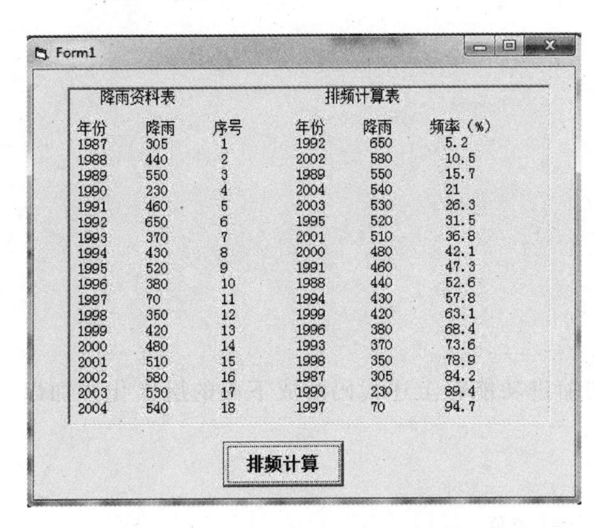

年份	降雨	序号	年份	降雨	频率（%）
1987	305	1	1992	650	5.2
1988	440	2	2002	580	10.5
1989	550	3	1989	550	15.7
1990	230	4	2004	540	21
1991	460	5	2003	530	26.3
1992	650	6	1995	520	31.5
1993	370	7	2001	510	36.8
1994	430	8	2000	480	42.1
1995	520	9	1991	460	47.3
1996	380	10	1988	440	52.6
1997	70	11	1994	430	57.8
1998	350	12	1999	420	63.1
1999	420	13	1996	380	68.4
2000	480	14	1993	370	73.6
2001	510	15	1998	350	78.9
2002	580	16	1987	305	84.2
2003	530	17	1990	230	89.4
2004	540	18	1997	70	94.7

图 3.8　图片框中显示的频率计算表

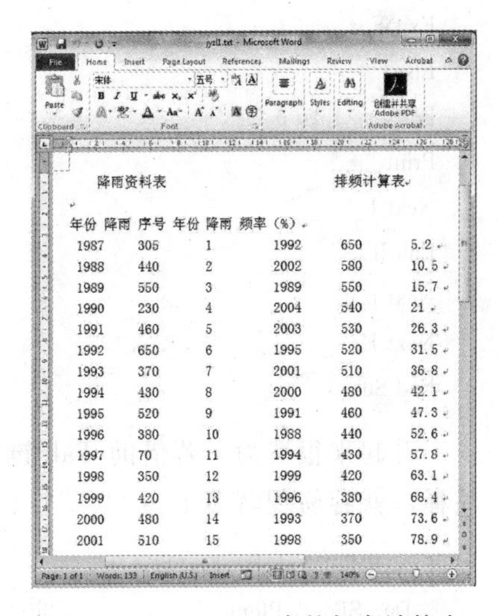

年份	降雨	序号	年份	降雨	频率（%）
1987	305	1	1992	650	5.2
1988	440	2	2002	580	10.5
1989	550	3	1989	550	15.7
1990	230	4	2004	540	21
1991	460	5	2003	530	26.3
1992	650	6	1995	520	31.5
1993	370	7	2001	510	36.8
1994	430	8	2000	480	42.1
1995	520	9	1991	460	47.3
1996	380	10	1988	440	52.6
1997	70	11	1994	430	57.8
1998	350	12	1999	420	63.1
1999	420	13	1996	380	68.4
2000	480	14	1993	370	73.6
2001	510	15	1998	350	78.9

图 3.9　写入 Word 中的频率计算表

3.5　水利工程常用设计方法

在水利工程的勘测、规划、设计、施工和科研、管理工作中，若能结合工程实际问题，开发出用户自己的可视化 VB 软件系统，对于提高工作效率，加快工作进度，是非常有益的。本节将结合部分水利工程问题，介绍一些常用的设计方法。

3.5.1　代码设计思路

遇到一个实际工程问题，如何将其编写成 VB 代码，这是一个非常现实的问题。通常的处理方法如下：

（1）分析问题的实质，掌握其中的原理。一个实际工程问题，它的来龙去脉是什

么，它需要哪些初始值，哪些控件支持，解决问题的核心要害在哪里，要运用哪些方法和技术等，这是解决问题的切入点。

(2) 具有熟练的语言、技巧和方法，运用逻辑分析、推理等，逐步剖析解决问题的过程，并由粗到细，由宏观向微观，层层剖析，将分析的思路编写成流程图，使问题逐步明了。再将其转化为语言，上机调试，即可解决问题。

(3) 要有一个良好的编码习惯，使代码的结构和编码的风格标准化，以便于理解。对于一些重要的难以理解的代码，应经常使用注释，用汉语或英语加以解释，这对于自己和他人都是有益的；对于一些复杂的代码结构，使用缩进的方法，使之层次化，更方便理解。例如下面的代码：

```
Private Sub Label1_Click()
Dim SFont, Pfont
For E = S To SFont
For p = q To Pfont
If p = E Then
Exit For
Else
For I = 1 To p
Print " * "
Next I
End If
Next p
Next E
End Sub
```

看起来很费力，若借助 Tab 键的缩进功能将上述代码写成下面的层次化并加以注释，就容易理解多了。

```
Private Sub Label1_click()
  Dim SFont, Pfont                    '定义两个循环终值
  For E = S To SFont                  '外层循环控制打印的行数
    For p = q To Pfont                '中层循环控制打印的列数
      If p = E Then
        Exit For
      Else
        For i = 1 To p                '内层循环控制打印的个数
          Print " * "
        Next i
      End If
    Next p
  Next E
End Sub
```

(4) 要通过各种途径不断学习积累，包括看书、读文献，上机操作、上网搜索等。实际上 VB 工程的设计，属于熟练科学操作的范畴。越学越会，越练越熟，这样开发的软件系统档次也越来越高。

3.5.2 求解试算问题的二分法

在规划、设计中，经常遇到一些复杂公式或非线性方程，需要采用试算法才能解决。试算方法有很多，比如牛顿法、弦截法和二分法等。处理这类问题时，二分法的稳健性最好，只需要给出合理的上下限值，就一定能够准确地求解。

二分法的基本原理如下：对于任意的复杂工程函数，均可写成 $f(x)=c$ 的形式（其中 c 是常数），令：$g(x)=f(x)-c$。显然，当 $x=x_{真}$ 时，$g(x_{真})=0$。也就是说，只要工程函数在可行区间 $[a,b]$ 内有解，则必有一点过 x 轴，使得 $g(x)=0$，从而 $f(x)=c$ 成立。计算步骤如下（图 3.10）：

(1) 选择区间 $[a,b]$，计算 $g(a)$ 和 $g(b)$，如果 $g(a)\times g(b)>0$，则选择的区间不合理，重新选择直到 $g(a)\times g(b)<0$。

(2) $m=(a+b)/2$→计算函数 $g(m)$，并判断 $|g(m)|\leqslant\varepsilon$ 是否成立，如果成立，则输出 m→结束。

(3) 如果不成立，则计算 $g(a)\times g(m)$，如果 $g(a)\times g(m)>0$，则用 m 代替 a，否则用 m 代替 b，通过步骤 (2) 重复计算直到 $|g(m)|\leqslant\varepsilon$ 满足为止。

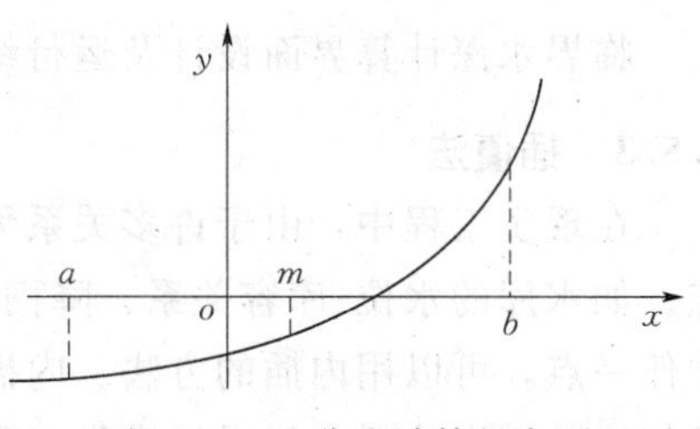

图 3.10 二分法计算示意图

操作演示 3.7

【例 3.7】 一梯形明渠，已知流量 $Q=100\text{m}^3/\text{s}$，底宽 $b=10\text{m}$，坡度 $m=1.5$，要求采用二分法试算求出临界水深 h_k。临界流公式为

$$\frac{Q^2}{g}=\frac{[h_k(B+mh_k)]^3}{B+2mh_k} \tag{3.8}$$

要求作一个框架，标题为设计初值；其内放 3 个 Text，对应放 3 个 Label，用于提示。在框架外放一个命令钮及一个 Text4（用于输出临界水深）。由临界流公式知，$[a,b]\subseteq[0,+\infty)$，故取 $a=1\times10^{-10}$，$b=1\times10^{10}$。精度值 ε 取 0.01。

代码编写如下：

```
Private Sub Command1_Click()
  q = Val(Text1)
  If Text1 = "" Then
    MsgBox ("别着急,请先赋值")
    Text1.SetFocus
    Exit Sub
  End If
  b = Val(Text2)
  m = Val(Text3)
```

```
    jd = Val(Text4)
    h1 = 0.0000000001: h2 = 10000000000#
    s1 = q * q / 9.8 - ((b + m * h1) * h1)^3 / (b + 2 * m * h1)
    ww: h = (h1 + h2) / 2
    s = q * q / 9.8 - ((b + m * h) * h)^3 / (b + 2 * m * h)
    If Abs(s) <= jd Then
      Text5 = "临界水深:" & Int(1000 * h) * 0.001 & "(m)"
      Exit Sub
    ElseIf s * s1 > 0 Then
      h1 = h: GoTo ww
    Else
      h2 = h: GoTo ww
    End If
End Sub
Private Sub Command2_Click()
    Text5 = ""
End Sub
```

临界水深计算界面设计及运行结果见图 3.11。

3.5.3 插值法

在现实工程中，由于许多关系无法用明确的函数关系描述，而只能得到部分离散点。如水库的水位-库容关系、降雨-径流关系、河道的水位-流量关系等。要得到其中任一点，可以用内插的方法。内插的方法像一元全区间插值法，精度高；直线比例插值法，精度偏低，但足以满足工程要求。

对于图 3.12，首先应确定自变量 x_c 处在哪两点之间（自 $i=1$ 到 $n-1$），当 $x_i < x_c < x_{i+1}$ 时，内插区间找到。然后利用三角形关系得到：

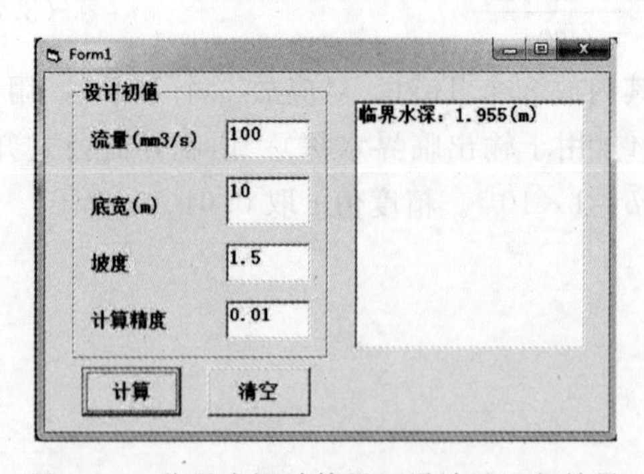

图 3.11 临界水深计算界面设计及运行结果

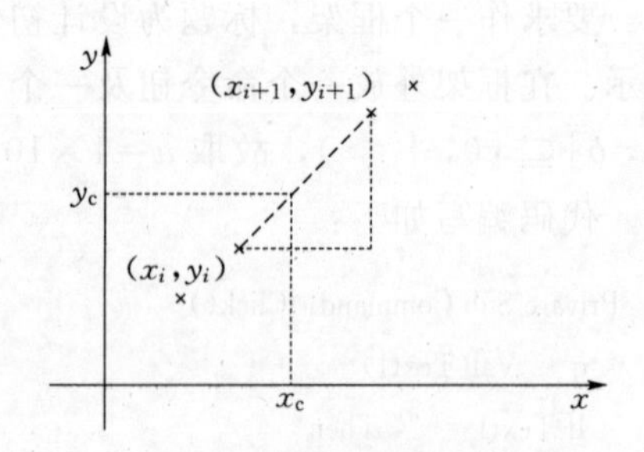

图 3.12 插值法示意图

$$y_c = \begin{cases} y_i + (x_c - x_i)(y_{i+1} - y_i)/(x_{i+1} - x_i), & (y_{i+1} > y_i) \\ y_{i+1} + (x_{i+1} - x_c)(y_i - y_{i+1})/(x_{i+1} - x_i), & (y_{i+1} < y_i) \end{cases} \tag{3.9}$$

【例 3.8】 某水库已测出水位-库容关系线，见表 3.4，试用直线内插法确定当水位为 130m 时的库容。

操作演示 3.8

表 3.4 **水库水位-库容关系表**

水位/m	120	127	133	138	142	150	155
库容/万 m^3	720	1100	5400	7800	11730	23850	30000

先将水位、库容写入 Word 文件，以“带换行符的 MS - DOS 文本”类型保存，再编写代码如下：

```
Private Sub Command1_Click()
  zz = Val(Text1)
  If Text1 = "" Then
    Command1.Caption = "先输插值点"
    Text1.SetFocus
    Exit Sub
  End If
  Dim z() As Single, v() As Single
  Open "C:\Users\hp\Desktop\3-8\chazhi.txt" For Input As 1
  Input #1, bt
  Do While Not EOF(1)
    K = K + 1
    ReDim Preserve z(K) As Single, v(K) As Single
    Input #1, z(K), v(K)
  Loop
  Close #1
  For i = 1 To K - 1
    If z(i + 1) > zz And z(i) < zz Then
      If v(i) < v(i + 1) Then
        vv = v(i) + (zz - z(i)) * (v(i + 1) - v(i)) / (z(i + 1) - z(i))
      ElseIf v(i) > v(i + 1) Then
        vv = v(i + 1) + (z(i + 1) - zz) * (v(i) - v(i + 1)) / (z(i + 1) - z(i))
      End If
    End If
  Next i
  If zz < z(1) Or zz > z(K) Then
    MsgBox ("此值已在内插区间以外")
  Exit Sub
  End If
  Pic.Print "水位 z="; zz
  Pic.Print "库容 v="; vv
End Sub
Private Sub Text1_KeyUp(KeyCode As Integer, Shift As Integer)
    Command1.Caption = "开始插值"
End Sub
```

代码中有两点需要说明：一是当插值点位于区间之外时，VB 应有所提示，即代码中的 MsgBox 的提示；二是当用户尚未输入插入点（即 Text1 = “”）时，Command1 的变为“先输入插值点”。一旦用户在 Text1 中输值，其任一键抬起时，Text1_KeyUp 事件即触发，命名钮的标题随之变为“开始插值”。这种设计方法在以后的设计中应广泛使用。例如，以水位为 145m 根据表 3.4 插值获得的库容为 16275 万 m^3，见图 3.13。

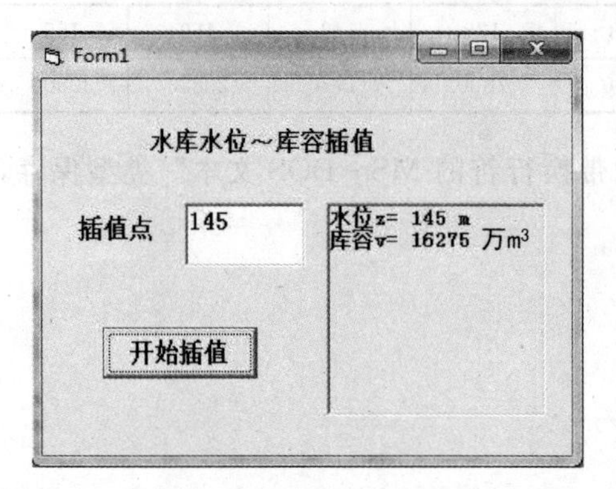

图 3.13 插值法计算窗体

3.5.4 复杂数组处理方法

数组虽然简单，但当维数和下标元素个数不好确定时，处理起来就非常费力。这里提供几个解决复杂数组下标的思路。现以工程水文学中由单位线推求 P 年一遇的洪水过程线为例，设第 $(i-1)\sim i$ 时段的净雨深为 h_i，第 i 时段的单位线流量值为 q_i，则由 h_i 形成的汇流在第 $i\sim(i+1)$ 时段到达设计断面的流量 Q_i (m^3/s) 为

$$Q_i = h_i q_i / 10 \tag{3.10}$$

由 j 次净雨形成的汇流量为

$$HQ_k = \sum_{j=1}^{n} Q_{j,k} \tag{3.11}$$

式中：n 为单位线记录总数。考虑基流后，第 i 时段末的洪水流量为

$$Q_s = \sum_{k=1}^{m} \sum_{j=1}^{n} Q_{j,k} + Q_0 \tag{3.12}$$

式中：m 为净雨总数；Q_0 为基流量。显然，计算过程中要用四个数组，即 h_i，q_i，Q_i 和 Q_s。如何确定其维数和各维的元素个数呢？我们以手算表作为参考，计算过程见表 3.5。

表 3.5 单位线推求洪水过程线

时段 t	净雨 h_i	单位线 q_i	Q_1/(m^3/s)	Q_2/(m^3/s)	$\sum Q$/(m^3/s)	Q_0/(m^3/s)	Q_s/(m^3/s)
1	45						
2	106	45	202	0	202	15	217
3		160	720	477	1197	15	1212
4		300	1350	1696	3046	15	3061
5		240	1080	3180	4260	15	4275
6		180	810	2544	3354	15	3369
7		120	540	1908	2448	15	2463
8		60	270	1272	1542	15	1557
9		20	90	636	726	15	741

续表

时段 t	净雨 h_i	单位线 q_i	$Q_1/(m^3/s)$	$Q_2/(m^3/s)$	$\sum Q/(m^3/s)$	$Q_0/(m^3/s)$	$Q_s/(m^3/s)$
10		0	0	212	212	15	227
11		0	0	0	0	15	15

分析思路如下：

（1）净雨 h_i：为一维数组，其元素数目为净雨总数，用数组 h()表示。

（2）单位线 q_i：为一维数组，元素数目为单位线的记录总数+净雨总数，用数组 dwx()表示。

（3）任一净雨的汇流量 Q_i：该数组不仅与时段有关，还与哪次净雨有关，故应为二维数组，用数组 ichl()表示。行元素应为净雨次数，列元素应为单位线的元素个数。

（4）基流量：多为常量，而总汇流量应为一维数组，元素个数等于单位线的记录总数。

分析后，代码和控件的设计就容易多了。单位线存于顺序文件，净雨个数和基流量分别由 Text1 和 Text2 输入，净雨值由 Inputbox 输入，用 pic 框输出。“单击此处”（Label4 的标题），开始计算设计洪水。

【例 3.9】 利用单位线法，推求 P 年一遇洪水过程线。已知：单位线见表 3.6。在某设计典型年内，0～1 时段净雨深 45 mm，1～2 时段净雨深 106 mm。基流量为 15 m^3/s。

操作演示 3.9

表 3.6 单位线表

时段（$\Delta t=24$）	0	1	2	3	4	5	6	7	8	9
单位线高/(m^3/s)	0	45	160	300	240	180	120	60	20	10

代码设计如下：

```
Private Sub Label4_Click()
m = Val(Text1)
jl = Val(Text2)
Dim sd() As Integer, dwx() As Single, ichl() As Single, gchl() As Single, jlhl() As Single
Dim h() As Integer
'打开顺序文件,为输入做准备
Open "C:\Users\hp\Desktop\3-9\dwx.txt" For Input As 1
Input #1, bt
'先测出单位线的记录个数
Do While Not EOF(1)
Input #1, time_in, unitq
c = c + 1
Loop
Close #1
```

```
n = c - 1
p = m + n
ReDim sd(p) As Integer, dwx(p) As Single, ichl(m, p) As Single, gchl(p) As Single, jlhl(p) As Single
ReDim h(p)
Open "C:\Users\hp\Desktop\3-9\dwx.txt" For Input As 1
Input #1, bt
Do While Not EOF(1)
i = i + 1
Input #1, sd(i), dwx(i) '从文件中读入单位线
Loop
Close #1
For i = 1 To m
h(i) = Val(InputBox("一次输入各时段净雨量"))
Next
'计算第 i 次净雨形成的洪水流量
For i = 1 To m
    For j = 1 To n + i - 1
        ichl(i, j) = 0.1 * h(i) * dwx(j - i + 1)
    Next j
Next i
'计算各次净雨形成的洪水流量
For i = 1 To n + m - 1
For j = 1 To m
    gchl(i) = gchl(i) + ichl(j, i)
Next j
'计算设计洪水总流量
jlhl(i) = gchl(i) + jl
Next i
Pic.FontSize = 15
Pic.Print "单位线推求洪水过程线"
Pic.Print "                    ———————————————————————"
Pic.FontSize = 12
Pic.Print "时段 hi     qi        Q1       Q2   ∑Qi          Q0         Qs"

For i = 1 To n + m - 1
If h(i) > 0 Then
   Pic.Print i; Tab(5); h(i); Tab(11); dwx(i);
Else
   Pic.Print i; Tab(11); dwx(i);
End If
For j = 1 To m
Pic.Print Tab(12 + 7 * j); Int(ichl(j, i));
```

```
Next j
Pic.Print Tab(32); Int(gchl(i)); Tab(41); jl; Tab(48); Int(jlhl(i))
Next i
End Sub
```

运行程序，单击 Label4（其标题为“单击此处”），窗体上的控件布置及运行结果见图 3.14。

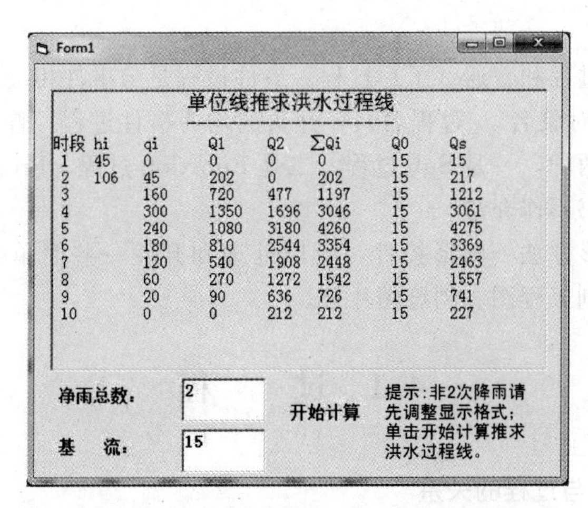

图 3.14 推求洪水过程线窗体控件设计及运行结果

第 4 章

Visual Basic 6.0 过程与图形应用

过程分为事件过程和普通（子）过程。事件过程是与事件相关的独立代码段。如以“Private Sub <对象名>_过程名()”开头的均为事件过程。普通（子）过程则与事件无关。它常用两种，一是 Sub 过程，二是 Function 过程。Property 过程和 Event 过程并不常用，本书不作介绍。

利用 VB 的图形方法、图形控件，可以处理和开发一些简单图形，美化输出界面，也可以开发水利工程图、浏览图片等。

4.1 过　　程

4.1.1 工程、模块与过程的关系

在 VB 工程中，事件过程、Sub 过程与 Function 过程构成了模块的基本单元，而窗体模块、类模块和标准模块又构成了工程的基本单元，过程、模块和工程的关系见图 4.1。

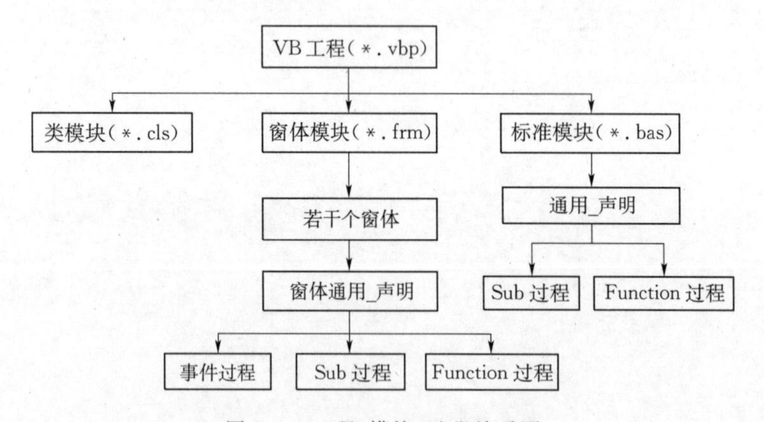

图 4.1 工程-模块-过程关系图

要添加各类模块，只需在工程资源管理器中的工程名上右击，然后根据快捷菜单添加相应的模块；在模块级的代码窗口中可以编写模块级的通用_声明。模块级通用_声明的全局变量在窗体以下的各窗体、各事件、各过程均可见、可用。要编写窗体级的通用_声明，只需右击工程资源管理器中预选窗体名，在其通用_声明中编写窗体级的全局变量。该变量只在本窗体可见、可用。要编写窗体下的 Sub 子过程或函数过程，只需在本窗体的代码窗中直接输入即可。

4.1.2 Sub 过程

Sub（子）过程的格式如下：

```
[Public|Private|Static] Sub ＜过程名＞[＜形参序列表＞]
  [语句组]
End Sub
```

其中，＜过程名＞与变量名命名规则相同，过程名是必需的。[＜形参序列表＞]的格式如下：

```
[Byval]＜变量名＞[()][As ＜变量类型＞]，……
```

Byval 是可选项，表示其后的变量按值传递给调用的过程或函数，称按值调用。若无 Byval，表示其后的变量按地址传递，称按址调用。若变量为数组型，其后的 () 不可省。但不写数组的下标。数组的传址和传值一样，均不用 Byval。

[As＜变量类型＞]，可选项，省略则表示该变量为可变型变量。

1. Sub 过程调用

要调用 Sub 过程，可使用：

```
Call ＜过程名＞([实参序列表]) 或者 ＜过程名＞[实参表]
```

＜实参序列表＞中的变量类型、变量个数、变量的位置必须与 Sub 过程中的形参类型、个数和位置一一对应，这三个对应是必需的。

对于 Sub 子过程，任何过程和函数均可对其调用。但是，最好不要自己调用自己，以免造成死循环。

2. 按址与按值调用

(1) 按址调用，是指调用过程中实参地址与被调子过程中的形参地址相互交换。交换的原则是有值的地址取代无值的地址。这就是按（地）址（相互）调用。如果相互传址的两个地址中均有值，则子过程的地址优先传给调用过程。

【例 4.1】 一个 Command1 事件过程和一个名为 Lx 的子过程。其代码如下：

操作演示 4.1

```
Private sub Command1_Click()
  Dim a As Integer, b As Single
  a=4
  Call Lx(a, b)
  Print a, b
End Sub
Sub Lx(x As Integer, y As Single)
  y=1
  For i=1 to x
    y=y * i
  Next i
End sub
```

运行后的结果为　　4　　24

这里有三个问题：①将事件过程中的 $a=4$，改 $a=4:b=100$ 运行的结果是什么？②若将事件过程中 Dim a As Integer 略去，而采用直接定义（即 $a=4$），情形又如何？③Sub子过程的作用是什么？

（2）按值调用，就是把实参的值传给形参，而不是交换内存地址。这样形参就不能反过来传值给实参。这种传值的方式是单向的。

操作演示 4.2

【例 4.2】 用下列代码理解传址与传值。

```
Private Sub Command1_Click()
  Dim a As Integer, b As Single
  a=16: b=100
  Call fs(a, b)
  Print a, b
End Sub
Sub fs(w As Integer,  Byval v As Single)
  v=sqr(w)
  Print v,
End Sub
```

运行后的结果为：4
　　　　　　　16　　100

如何理解呢？先看 a 和 w，是按址调用，故 $w=a=16$，$v=4$；b 和 Byval v 对应，b 将 100 放于一个新单元中，v 通过这个单元获取 100。这个单元发生变化，但 $v=$sqr(w)并不向事件过程传送。若将上面的 sub 子过程，改为

Sub fs(Byval w As Integer, v As Single)

运行后的结果又是什么？

图 4.2 形象地描述了传址与传值过程。

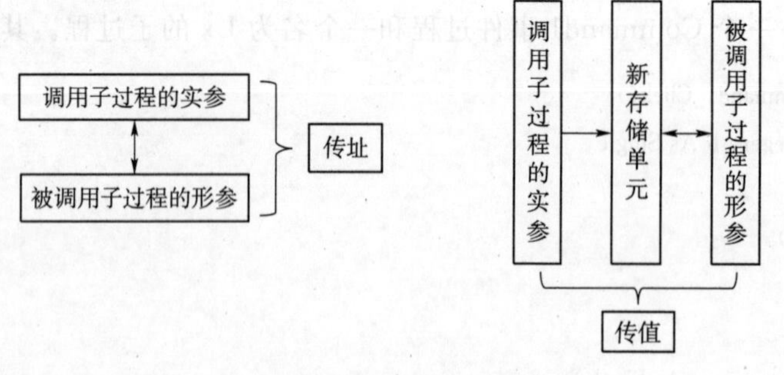

图 4.2　传址与传值的比较

4.1.3　Function 过程

Function 过程的格式如下：

[Public|Private|Static] Function ＜函数过程名＞ [(＜虚参序列表＞)][As＜类型＞]

```
    ……
    [<函数过程名>=<表达式|变量>]
    ……
End Function
```

该格式中大多含义与 Sub 子过程相同，只是［As<类型>］是可选项，用于描述函数的类型。若无此项，可为可变型函数。如果函数过程需要传值，<函数过程名>=<表达式｜变量>是必须的，调用 Function 过程的方法如下：

```
<变量名>=函数过程名(<实参序列表>)
```

也可以将函数过程名（<实参序列表>）视为一个广义函数，与其他变量的使用方法相同。

【例 4.3】 对于定积分 $S=\int_a^b f(x)\mathrm{d}x$，用近似梯形计算公式得到其近似解为

操作演示 4.3

$$S=\frac{h}{2}\Big[f(a)+2\sum_{i=1}^{n-1}f(a+ih)+f(b)\Big],h=\frac{b-a}{n} \tag{4.1}$$

式中：n 为区间等分数目；h 为区间宽度。

试用其求解悬臂梁在均布荷载作用下的最大挠度。已知挠度方程为

$$v=\int_a^b\frac{qx}{6EI}(3L^2-3Lx+x^2)\mathrm{d}x \tag{4.2}$$

式中：$a=0$，$b=6\text{m}$，$q=2\text{kN/m}$，$L=6\text{m}$，$E=4.8\text{kPa}$，$I=1000000\text{m}^4$。由于在求解过程中，多次用到 $f(x)$，故将其放入函数过程。在窗体上建一个 Command1。代码设计如下：

```
Private Sub Command1_Click
  a=Val(Text1): b=Val(Text2): h=Val(Text3)
  n=Int((b-a)/h)
  t1=zf(a): t2=zf(b)
  x=a
  For i=1 To n-1
    t3=t3+zf(x+h*i)
  Next
  Text4=Val(h/2*(t1+t2+2*t3))
End Sub
Private Function zf(x) As Single
  y=2*x/(6*4.8*1000000#)*(3*36-3*6*x+x*x)
  zf=y
End Function
```

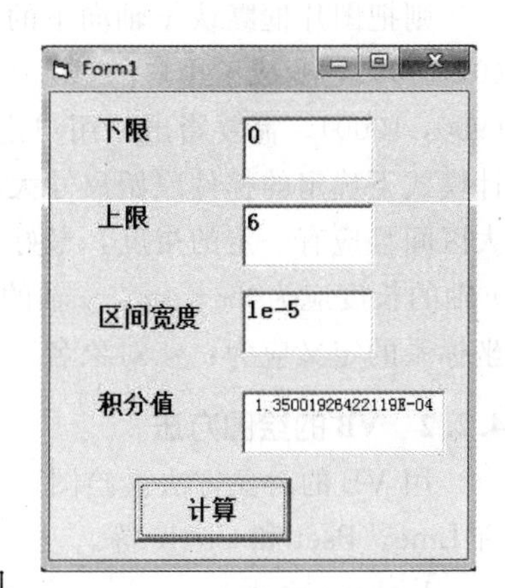

图 4.3 定积分计算窗体

若取最小区间长度 $h=1\times10^{-5}$，则得到结果见图 4.3。

4.2　图形在水利工程中的应用

VB的图形功能，可以通过两种途径来开发。一种是使用VB图形方法，一种是使用图形控件。常用的图形方法如Line、Pset、Circle等，用起来很简单。常见的图形控件有Line和Shape，接受图形的控件有Form、Picture、OLE及Image，特别是OLE容器，其功能极强。用户可以利用这些方法和控件绘制简单图形乃至水利工程图，浏览图片、制作动画等。本节只介绍一些在水利工程中应用较多的一些方法和控件。

4.2.1　VB绘图的坐标系统

要用VB的代码绘制出用户喜欢的图形，首先要明确系统默认的坐标系，以及用户如何定义自己的坐标系。

系统默认的坐标系是原点在屏幕左上角，x轴向右，y轴向下，即$(x_0, y_0)=$(left，top)；$(x, y)=$(Width，Height)，默认的刻度单位为特微(Twip)，1特微=1/567厘米。

1. *改变默认刻度单位*

要改变某对象的默认刻度单位，可以先选定该控件，在其属性窗口中找到Scale-mode，根据需要选定0（自定义）、1（Twip）、2（磅）、3（像素）、4（同字符的尺寸）、5（英寸）、6（mm）和7（cm）。

2. *改变默认坐标系*

要改变对象的默认坐标系，应使用Scale方法。

[<对象名>].Scale[$(x'_0, y'_0)-(x', y')$]

其中：(x'_0, y'_0)为新坐标的起点，相对于默认的(x_0, y_0)；(x', y')为新坐标的终点，相对于默认的(x, y)。

如：Picture1.Scale (0，1000)－(900，0)

则把图片框默认y轴向下的坐标系，变成了y轴向上，且把原坐标体系下的起点(0，1000)，变成了用户的(0，0)，把原坐标体系下的终点(900，0)，变成了用户的(900，1000)。需要指出，用户定义的控件尺寸大小和刻度单位，均服从于用户在设计模式下确定的控件原始尺寸大小。这样新坐标的终点(x, y)，就必须容纳绘图的最大区间且应有一定的裕度，最好不用换算。如要绘制$\cos(x)$在$[0, 2\pi]$的图形，则x轴的长度应为$2\pi+\Delta x$，y轴的中心应在0处，上下各有Δy的高度裕度。这样，新坐标系的定义应为：<对象名>.Scale(0，1.1)－(2.2π，－1.1)。

4.2.2　VB的绘图方法

用VB的对象方法去绘图，可以得到一些较为简易的图形。常用的对象绘图方法有Line、Pset和Circle等。

1. Line *方法*

用Line方法，可以绘制各种类型的线型。其常用格式如下：

[<对象名>].Line[[Step](x1, y1)－[Step](x2, y2)][,<颜色>]

其中：($x1$，$y1$)－($x2$，$y2$)表示该线的起点到终点；Step 表示由当前坐标跳到(xi，yi)处，当前坐标可由对象的 Current X 和 Current Y 语句获得，[<颜色>] 由 VB 的颜色函数指定该线的颜色。

例如：Picture1.Line(10，10)－(100，200)，VbRed

表示在图片框中自(10，10)点到(100，200)用红色画一条斜线。

例如：Picture1.Line Step(10，10)－(100，200)

表示将自当前坐标位置跳到(10，10)点后，由该点再画直线至(100，200)。

2. Pset 方法

用 Pset 方法可以在对象上画点，其格式如下：

[<对象名>].Pest[Step](x, y) [, <颜色>]

例如：Form1.Pset Step (20，k)，vbYellow

表示在窗体 1 上自当前坐标点跳到(20，k)处，画一个黄色的点，点的大小服从于对象的 DrawWidth 属性。

3. Circle 方法

只要能指定圆心位置，Circle 方法即可画出圆、椭圆、圆弧等。其格式如下：

[<对象名>].Circle[Step] (x, y), <半径>, [<颜色>], [<起点角度>], [<终点角度>], [<高度比>]

例如：Picture1.Cirle (500，500)，200，VbWhite，，，0.5

则在图片框中画出以(500，500)为圆心，半径为 200，高宽比为 0.5 的白色线条的椭圆。注意起点和终点的角度，一律用弧度；若省略某些参数，其逗号不能省略。

4. Draw 属性

对象的 Draw 属性用来确定画图的线条、画笔和线宽等。DrawMode 属性为用户提供用来作图的笔形，可供选择的参数值为 1～16；DrawWidth 用来确定作图的线型宽度，其参数≥1；DrawStyle 用来确定各种线型（如空心线、点画线等），可供选择的属性值为 0～6。

【例 4.4】 在窗体上建一个 Picture 图片框和一个命令钮，用来绘制 sin(x)的图形。

操作演示 4.4

要求坐标圆点放于 Picture 框左侧中心，x=(0，2π)，x 轴和 y 轴都要画出。图片框的尺寸应比 sin(x)图形稍大。

代码设计如下：

```
Private Sub Command1_Click()
  Pic.FontSize = 15
  Pic.Scale (0, 1.2)-(2.2 * 3.1415926, -1.2)        '定义用户自己的坐标
  Pic.Line (0.05, -1.2)-(0.05, 1), vbBlue           '画出 y 轴
  Pic.Print "y"
Pic.Line (0, 0)-(2.1 * 3.1415926, 0), vbBlue        '画出 x 轴
  Pic.Print "x"
```

```
    Pic.CurrentX = 3.14：Pic.CurrentY = 1
    Pic.Print "y=sin(x)"
    Pic.CurrentX = 0.05：Pic.CurrentY = 0
    For i = 0.05 To 2 * 3.1415926 Step 0.0001
    y = Sin(i)
    Pic.Line -(i, y), vbRed
    Next
End Sub
```

运行后的效果见图4.4。

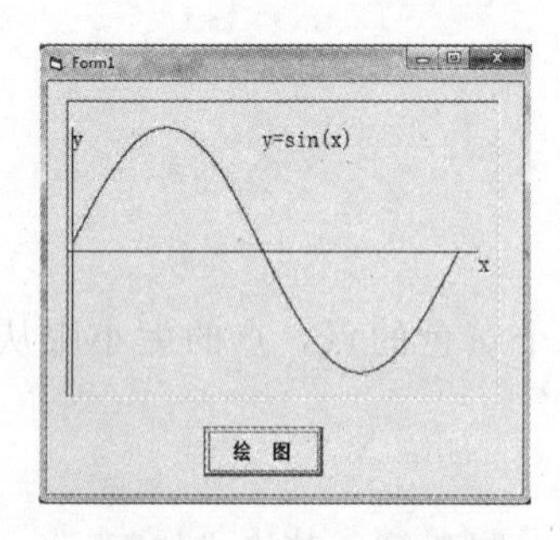

图4.4 sin（x）曲线

4.2.3 VB的图形控件

VB的图形控件包括Line、Shape以及具有包含多种插入对象功能的容器控件OLE。若要制作简单的图形，可以用Line、Snape等控件直接制作，就如同其他工具的使用同样方便。Line控件用于绘制各种线段，Shape控件用于绘制各种矩形、圆、椭圆等图形。在设计模式下，使用Line或Shape制作的图形将一直保留在窗体上。

工具箱中的OLE（Object Linked and Embedded，对象链接与嵌入）工具，是一个具有强大链接和嵌入功能的控件，它既可以在设计模式下使用，又可以在代码支持下进行各种切换。

比如要在OLE1框中装入一个精确的CAD工程图，作为窗体的界面，可使用如下做法：将OLE1放入窗体→在其内右击→插入对象对话框出现→选择新建→单击对象类型框中的AutoCAD选定→确定→AutoCAD软件打开并被链接到OLE1中→用户在AutoCAD上制作工程图→完毕后关闭→则工程图在OLE1中出现→运行VB工程→右击OLE1→Edit→进入AutoCAD重新修改…→运行VB工程，可以看到精准的工程图。

实际上，用户在操作中就可发现，不仅AutoCAD软件，就是其他的一些高级软件，均可容纳在OLE容器中。同其他对象一样，用户可以使用VB代码，将图软件（或其他系统及其相应文件等）放入OLE中，其代码如下：

```
<[容器名>].CreateLink("驱\夹\全名")
<[容器名>].CreateEmbed("驱\夹\全名")
```

注意，使用Link的方法，只在VB中保存该文件的“影像”，其任何修改不会影响原文件的实际数据；而Embed方法则将全部文件及创建文件的软件系统一起保存在VB中，其修改是实际有效的。在容器中放入软件或文件后，运行VB，双击其图标，容器中的系统或文件即可打开。

【例4.5】 某水库规划期，已收集到包括特大值在内的洪水资料（表4.1）。试确定其平均流量，并对其进行排频计算，计算结果分别用图形和图表的形式表示。特大

值：1939 年，1120m³/s；1945 年，1350m³/s

操作演示 4.5

表 4.1 洪 峰 流 量 表

年份	1993	1994	1995	1996	1997	1998	1999	2000	2001	2002	2003	2004
流量/(m³/s)	500	620	380	430	490	900	560	360	280	350	270	780

多年平均流量计算公式为

$$\bar{Q} = \frac{1}{N}\left(\sum_{j=1}^{a} Q_{d,j} + \frac{N-a}{m-k}\sum_{i=1}^{m-k} Q_{x,i}\right) \tag{4.3}$$

$$\begin{cases} 特大值:P_d = \dfrac{j}{N+1} \times 100(\%),\ (j=1,2,\cdots,a) \\ 一般值:P_x = P_{d\max} + \left[(1-P_{d\max})\dfrac{i}{m-k+1}\right] \times 100(\%),\ (i=1,2,\cdots,m-k) \end{cases} \tag{4.4}$$

式中：N 为考虑特大值在内的重现期，$N=500$；Q_d 为超过特大洪水标准的洪水数组（本工程的特大洪水标准为 600m³/s）；Q_x 为特大洪水标准以下的洪水组数；a 为特大洪水的个数；m 为连续年洪水的年数；k 为连续年内特大洪水的个数；$P_{d\max}$ 为特大值频率的最大值，$P_{d\max} = \dfrac{a}{N+1}$。

设计思路如下：

(1) 窗体：建 pic 框及 pi1 框（均为 PictureBox），其中 pic 框用于画频率曲线，pi1 框用于输出排频后的年份、流量及频率：在 pic 框中，用 Line 工具作纵、横坐标，用 Label 作刻度的文字说明。为使图片框好看，将 pic 框的 Borderstyle 属性设为 0。

(2) 用 Text1 输入重现期，Text2 输入连续年数，Text3 输入非连续年特大值个数，Text4 输入特大值标准，用 Text5 输出流量均值。另选一个 Command1，用于运行上述设计的代码。

(3) 代码设计如下：

```
Private Sub Command1_Click()
  Pic.Cls： Pi1.Cls
  dn = Val(Text1)：  m = Val(Text2)
  td = Val(Text3)：  tdbz = Val(Text4)
  If Text1 = "" Then                          '用框架变化作输入初值的提示
    Frame1.ForeColor = vbRed
    Frame1.Caption = "请先输入初值"
    Text1.SetFocus
    Exit Sub
  Else：Frame1.Caption = "初值"
  End If
  Dim y() As Integer, Q() As Single          '用 y( )装所有年份,Q( ) 装所有流量
  Dim yd() As Integer, Qd() As Single        '分别装特大值的年份及流量
```

```
Dim yy() As Integer, Qy() As Single            '分别装一般洪水的年份及流量
Open "C:\Users\hp\Desktop\4-5\hfll.txt" For Input As 1
Do While Not EOF(1)
n = n + 1
ReDim Preserve y(n) As Integer
ReDim Preserve Q(n) As Single
Input #1, y(n), Q(n)
Loop
Close
For i = 1 To n
  If Q(i) > tdbz Then          '将超过特大洪水标准的流量及年份找出
    a = a + 1
    ReDim Preserve yd(a) As Integer, Qd(a) As Single
    yd(a) = y(i): Qd(a) = Q(i): qdz = qdz + Qd(a)
  Else
    x = x + 1                  '将一般年份及流量找出
    ReDim Preserve yy(x) As Integer, Qy(x) As Single
    yy(x) = y(i): Qy(x) = Q(i): qyb = qyb + Qy(x)
  End If
Next i
k = m - x
qj = 1 / dn * (qdz + (dn - a) / (m - k) * qyb) ' 计算
Text5 = Int(qj + 0.5)
For i = 1 To a - 1                       '特大值洪水计算
For j = i + 1 To a
  If Qd(j) > Qd(i) Then
    w = Qd(i): Qd(i) = Qd(j): Qd(j) = w
    v = yd(i): yd(i) = yd(j): yd(j) = v
  End If
Next j, i
For i = 1 To x - 1                       '一般值洪水数组排序
For j = i + 1 To x
  If Qy(j) > Qy(i) Then
  w = Qy(i): Qy(i) = Qy(j): Qy(j) = w
  v = yy(i): yy(i) = yy(j): yy(j) = v
  End If
Next j, i
Pi1.Print "经验频率计算表": Pi1.Print
Pi1.Print "年份      流量      频率(%)"
Pic.Scale (10, 105)-(Qd(1) + 200, -5)       '定义用户的坐标体系
Pic.Line (20, 0)-(20, 105), vbBlue          '画出 y 轴
Pic.Print "P(%)"
```

```
Pic.Line (20, 0)-(Qd(1) + 50, 0), vbBlue      '画出 x 轴
Pic.Print "Q(m3/s)"
Pic.CurrentX = Qd(1) / 2
Pic.CurrentY = 105
Pic.FontSize = 12
Pic.Print "经验频率曲线"
Pic.CurrentX = Qd(1)
Pic.CurrentY = 1 / (1 + dn) * 100
'打印排序后特大值数组的年份、流量、频率
Pil.Print yd(1), Qd(1), Int(10000 * 1 / (dn + 1) + 0.5) * 0.01
Pic.PSet Step(CurrentX, CurrentY)      '从当前坐标位置开始准备画图
For i = 2 To a
  p = i / (dn + 1) * 100
  Pil.Print yd(i), Qd(i), Int(100 * p + 0.5) * 0.01
  Pic.Line -(Qd(i), p)        '画特大值的点
Next i
Pj = a / (n + 1)
For i = 1 To x
  pi = (Pj + (1 - Pj) * i / (x + 1)) * 100
  Pil.Print yy(i), Qy(i), Int(100 * pi + 0.5) * 0.01
  Pic.Line -(Qy(i), pi)          '圆一般值的点
Next
End Sub
```

窗体的设计及运行后的结果见图 4.5。

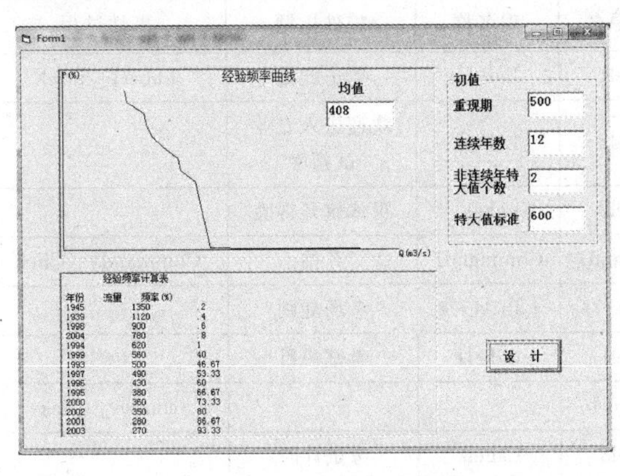

图 4.5 窗体设计及运行结果

4.3 水利工程专业试题库设计

本节以水利工程专业的微机试题题库设计为例，综合介绍如何设计用户的窗体及控件。对每个对象如何进行代码设计，并展示给读者一个大中型 VB 工程设计的概貌

与设计方法。

4.3.1　试题库模块与过程

本题库由一个工程、一个窗体级标准模块和一个窗体模块及大量的过程组成。其中 Form1 中有 3 个过程，Form2 中有 8 个过程，Form3 中有两个过程，详见图 4.6。

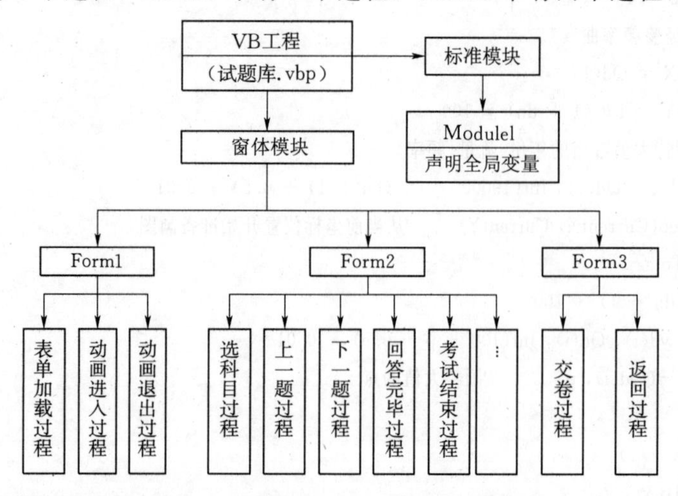

图 4.6　试题库的模块、过程关系图

4.3.2　窗体及其控件设计

由于 3 个窗体上的控件较多，控件属性及其设置均较杂乱，为清楚起见，统一列于表 4.2 中。

表 4.2　　**试题库窗体及控件设计表**

<table>
<tr><th colspan="2">窗体名</th><th>控件原名</th><th>现名称</th><th>控件标题</th><th>事件过程</th><th>其他设置</th></tr>
<tr><td colspan="2" rowspan="5">Form1
（首页）</td><td>Label1</td><td>Label1</td><td>单击此处</td><td>Label1 _ Click</td><td></td></tr>
<tr><td>Label2</td><td>Label2</td><td>欢迎进入专业
试题库</td><td></td><td>72 号字</td></tr>
<tr><td>Label3</td><td>Label3</td><td>祝你旗开得胜</td><td></td><td>红色，48 号字</td></tr>
<tr><td>Command1</td><td>Command1</td><td>开始</td><td>Command1 _ Click</td><td></td></tr>
<tr><td>Label4～8</td><td>Label4～8</td><td>考场规则</td><td></td><td>用 Line 画边框</td></tr>
<tr><td rowspan="8">Form2
（答题
页）</td><td rowspan="8">Frame1
（试卷）</td><td>Label1</td><td>Label1</td><td>考试科目</td><td></td><td></td></tr>
<tr><td>Combol1</td><td></td><td></td><td>course _ Click</td><td>用 List 输课程名</td></tr>
<tr><td>Label2</td><td>Label2</td><td>考试计时</td><td></td><td></td></tr>
<tr><td>Text1</td><td>Text1</td><td></td><td></td><td></td></tr>
<tr><td>Label3</td><td>Label3</td><td>试题</td><td></td><td></td></tr>
<tr><td>Text2</td><td>Text2</td><td></td><td></td><td>Multilane＝True
Scollbars＝2</td></tr>
<tr><td>Label4</td><td>Label4</td><td>答案</td><td></td><td></td></tr>
<tr><td>Text3</td><td>Text3</td><td></td><td></td><td>同 Text2</td></tr>
</table>

续表

窗体名		控件原名	现名称	控件标题	事件过程	其他设置
Form2（答题页）	Frame1（试卷）	Label5	Label5	正确答案		
		Text4	Text4			同 Text2
	Frame2（成绩）	Check1	Check1	正确		
		Check2	Check2	错误		
		Option1	Option1	优		
		Option2	Option2	良		
		Option3	Option3	中		
		Option4	Option4	及格		注：不及格用 Msgbox 表示
	选题和答题控件	Command1	Answer	回答完毕	answer_Click	
		Command2	Endtest	考试结束	endtest_Click	
		Command3	Showpaper	下一页	showpaper_Click	
		Command4	Quit	关闭	quit_Click	
		Label6	Pre	上一题	pre_Click	背景灰色
		Label7	Nex	下一题	nex_Click	背景灰色
		Timer1	Timer1		Timer1_Timer	
Form3（试卷页）		Command1	Command1	交卷	Command1_Click	
		Command2	Command2	返回	Command1_Click	

4.3.3 代码设计

1. 设计窗体级标准模块，声明各窗体使用的全局变量

```
Option Explicit
Public que() As String          '题库的考试题数组
Public daan() As String         '标准答案数组
Public m As Integer             '答对题数的个数
Public n As Integer             '题库中考题数组的总题数
Public kskm As String           '考试科目名称
Public sj As Integer            '时钟计时（分钟）
Public dati() As String         '学生的答案数组
Public k As Integer             '考题的总序号
Public dt As Integer            '学生答题总数
```

2. 设计窗体 Form1

（1）设定窗体 Form1 的初始状态。

```
Private Sub Form_Load()
  With Form1                    'with - End with 称属性块用于对某对象的属性设置
  .Top = 5500
  .Left = 5000
```

```
  .Width = 1000
  .Height = 1400
  End With
End Sub
```

（2）设计窗体 Form1 的动画形式。

```
'单击 Label1 后,设置 Forml 的动画进入方式
Private Sub Label1_Click()
With Form1
.Top = 0
.Left = 14000
.Width = 1000
.Height = 12000
End With
Label1.Visible = False
Do While Form1.Left <> 0
Form1.Left = Form1.Left - 1
Form1.Width = Form1.Width + 1
Loop
End Sub
```

（3）退出首页，进入答题页。

```
Private Sub Command l_Click ()
  Unload Form1
  Load Form2
  Form2.Show
End Sub
```

3. 设计窗体 Form2

（1）在窗体装入时，设定考试时间。

```
Private Sub Form_Load()
  Timer1.Interval=1000
End Sub
```

（2）选择考试科目，根据用户选择，打开相应的题库。

```
Private Sub course_click()
  Select Case course.Text
  Case "计算机应用"
  Open "C:\Users\hp\Desktop\4-6\jsj.txt" For Input As 1 '打开文件准备输入
  Do While Not EOF(1)
  n = n + 1
  '重新定义题库数组和答案数组
  ReDim Preserve que(n) As String, daan(n) As String
  Input #1, que(n), daan(n)
```

```
  Loop
  Close #1
  Case "工程水文学"
        '省略
  Case "水力学"
        '省略
  Case "水工建筑物"
        '省略
  Case Else
          MsgBox "对不起,本题库尚未收录"
  End Select
  kskm = course.Text                       '记住考试课程
  k = 1
  '显示题库中的第一题
  Text4.ForeColor = vbWhite
  Text2 = que(k)
  Text4 = daan(k)
  Text3.SetFocus
End Sub
```

(3) 前一题。

```
Private Sub pre_Click()
  Check1.Value = 0: Check2.Value = 0
  If k > 1 Then
  k = k - 1
  End If
  Text4.BackColor = vbWhite
  Text2 = que(k)
  Text3 = ""
  Text4 = daan(k)
  Text3.SetFocus
End Sub
```

(4) 后一题。

```
Private Sub nex_Click()
  Check1.Value = 0: Check2.Value = 0
  If k < n Then
  k = k + 1
  Text4.BackColor = vbWhite
  Text2 = que(k)
  Text3 = ""
  Text4 = daan(k)
  Text3.SetFocus
  End If
End Sub
```

（5）回答完毕。

```
Private Sub answer_Click()
  dt = dt + 1
  ReDim Preserve dati(dt) As String
  If Text3 <> daan(k) Then
  Check1. Value = 0：Check2. Value = 1
  Text4. BackColor = vbBlack
  Else
  Check1. Value = 1：Check2. Value = 0
  m = m + 1
  Text4. BackColor = vbWhite
  End If
  Text3. SetFocus
  dati(k) = k & "." & Text3      '将同学的答案记住
End Sub
```

（6）考试结束。根据考试规定，给出学生成绩。

```
Private Sub endtest_Click()
  Select Case Int(m / n * 100)
  Case 90 To 100
  Option1 = True
  Case 80 To 89
  Option2 = True
  Case 70 To 79
  Option3 = True
  Case 60 To 69
  Option4 = True
  Case Else
  MsgBox "哎呀,同学,需要加油努力!"
  End Select
End Sub
```

（7）显示试卷。

```
Private Sub showpaper_Click()
  Unload Form2
  Form3. Show
End Sub
```

（8）退出。

```
Private Sub quit_Click()
  End
End Sub
```

（9）计时器。

```
Private Sub Timer1_Timer()    '可参考第二章 2.3 节的倒计时设计方法
```

```
  Text1 = Now
End Sub
```

4. 设计窗体 Form3

（1）交卷。

```
Private Sub Command1_Click()
  Form3. FontSize = 20
  Print Tab(12); kskm; "试卷"
  Form3. FontSize = 15
  Form3. Print Tab(5); "班级:_______________"; Tab(30); "姓名:_______________"
  Form3. Print
  Dim i As Integer
  For i = 1 To n
  Form3. Print Tab(2); que(i)
  Next
  Print: Print
  Print Tab(12); kskm; "答案"
  Dim j As Integer
  For j = 1 To dt
  Print Tab(2); dati(j)
  Next
End Sub
```

（2）返回。

```
Private Sub Command2_Click()
  Unload Form3
  Form2. Show
End Sub
```

4.3.4 运行试题库

将各门课程的考试题及标准答案，用 Word 软件输入，并用“带换行符的 MS - DOS 文本”类型保存在文件“jsj. txt”中。在输题时应注意，每道题和答案之间用英语状态的“,”分隔，其他情况应以汉字的”，”分隔。3 个窗体的设计情况及运行结果分别见图 4.7～图 4.9。

操作演示 4.6

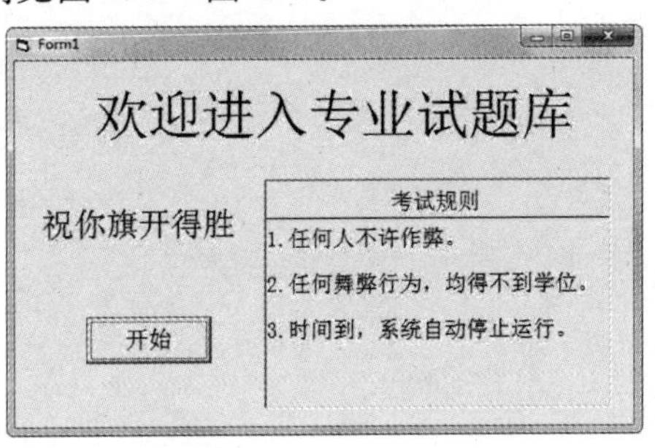

图 4.7　首页设计

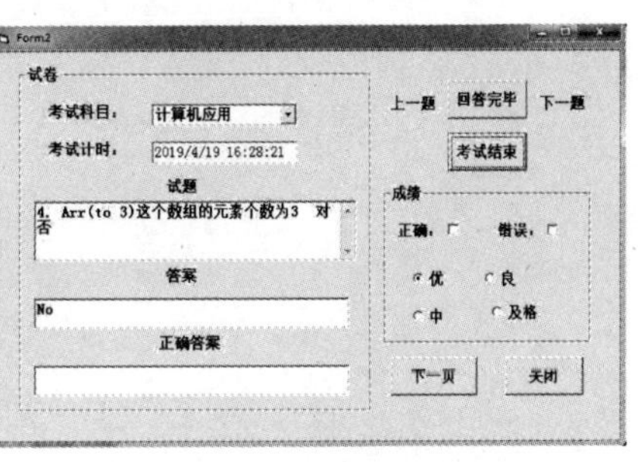

图 4.8　答题页设计

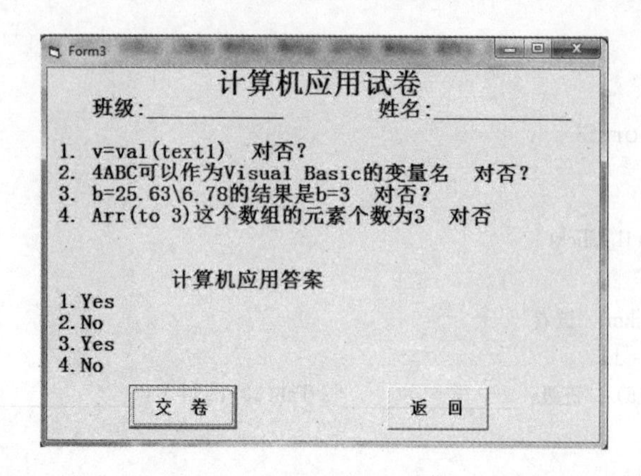

图 4.9 试卷页设计

当然，这个专业试题库仅是一个试题库的雏形。还有不少缺点和漏洞，需要进一步修改。

第 5 章

Visual Basic 6.0 对话框、菜单与工具栏及应用

对话框是 Windows 通用对话框的简称，是人机对话的主要途径。菜单及工具栏是各种高级软件必不可少的重要界面控件。有了这 3 种控件，人们操作微机就简便多了。本章将介绍通用对话框的使用方法，菜单、工具栏的制作方法以及如何利用界面上的这些控件开发水利工程软件。

5.1 通用对话框的应用

在 VB 中，InputBox 和 MsgBox 为人们提供了简单的对话途径，更多更复杂的对话及其设置需要借用 Windows 的通用对话框来实现。

Windows 为用户提供了六种对话框，具体如下：

打开… 对话框
另存为… 对话框
字体… 对话框
颜色… 对话框
打印… 对话框
帮助对话框

5.1.1 在窗体中引入对话框控件

由于通用对话框控件是一个 Active X 控件，当用户要使用其功能时，必须先将 Active X 中的通用对话框引入用户的窗体。方法如下：

右击工具箱→部件…→在“Microsoft Common Dialog Control 6.0”的复选框内单击选定→确定→通用对话框控件在工具箱中出现→在工具箱的 Commondialog 控件上单击→在窗体适当位置拖出（该控件只是一个图标，在运行时并不显示）→在其属性窗口中将其默认名称改为 Cdl（下同）。这样，用户的窗体就具有了显示 Windows 六种对话框的能力。

5.1.2 文件对话框

1. 文件对话框的常用属性

（1）FileName 属性。FileName 属性用于确定用户选定文件的驱\夹\全名。比如，用户在打开…对话框中选定了 C 盘 My documents 文件夹，并单击选定了 jsj. txt

文件名，这时，对话框 Cdl 的 FileName 就得到了其路径及文件名。具体如下：

Cdl. Filename =“C:\My documents\jsj. txt”。

(2) FileTitle 属性。FileTitle 属性只用来确定用户选定的文件全名，而没有文件的路径。如上例，Cdl 只得到了 jsj. txt 这个文件名。即：Cdl. FileTitle=“jsj. txt”

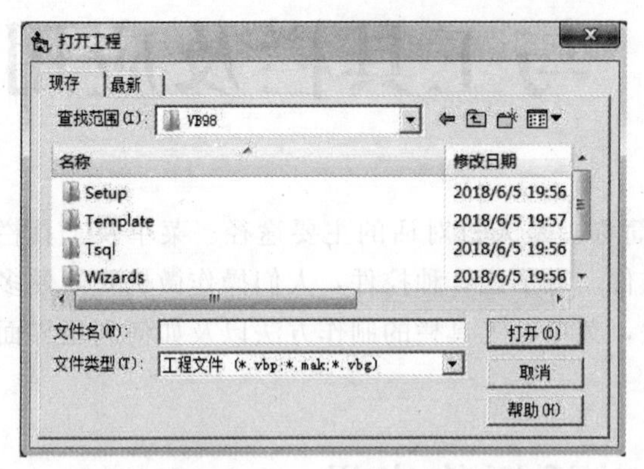

图 5.1　打开文件对话框

(3) Filter 属性。Filter 属性是用来确定文件类型的过滤器。在打开（或保存）文件的对话框中，见图 5.1。其下部有一个“文件类型”组合框，单击下拉钮，将显示可供选择的文件类型提示，单击其中任一欲选类型，文件窗口中将出现本类型的所有文件名及其图标。

Filter 属性就决定了上述文件类型中的两个性质，一是提供了类型提示和相应的 Windows 操作命令，二是当用户选择某类文件后，将其余未选类型过滤掉。

使用 Filter 属性的格式如下：

Cdl. Filter=“＜类型描述 1＞|＜实际类型 1＞|＜类型描述 2＞|＜实际类型 2＞......”

其中＜类型描述 i＞是文件类型组合框中的显示内容，目的是为用户提供浏览与选择；

＜实际类型 i＞是 Windows 实际处理的文件类型通配符；“|”表示 Dos 的管道操作符。如下面的代码：

Cdl. Filter=“所有文件|*·*|word 文档|*·doc”

将在对话框的“文件类型”中出现两种提示：所有文件和 Word 文档。当实际类型中通配符数量大于 1 时，可用“;”隔开。例如：

Cdl. Filter=“图文件|*.bmp;*.ico;*.gif;*.img”

将在文件窗口中显示出 bmp 类、ico 类、gif 类和 img 图文件名称。

(4) Flags 属性。Flags 属性用来对文件对话框中的具体内容进行细化设计。利用 Flags 属性用户可以修改 Windows 对文件对话框的默认设置。

(5) InitDir 属性。InitDir 属性用来确定文件对话框显示的初始路径。若无该设置，系统在显示对话框时使用当前路径。

2. 使用文件对话框的方法

(1) 显示打开文件对话框　　Cdl. ShowOpen

(2) 显示保存文件对话框　　Cdl. ShowSave

需要注意的是，在 Show 之前一般应使用 InitDir 规定初始路径。使用 Filter 规定过滤的文件类型要真正操作文件，还需相应的代码支持。

5.1.3 字体对话框

1. 字体对话框的属性

字体对话框的常用属性如下：

Color：选定字体颜色。

FontSize：选定字体大小。

FontName：选定字体名称。

FontBold：选定字体是否为粗体。

FontItalic：选定字体是否为斜体。

FontStrikethru：选定字体是否设删除线。

FontUnderline：选定字体是否设下划线。

2. 使用字体对话框

要使用字体对话框，首先应确定字体对话框的样式。即

```
Cdl.Flags =CdlcfBoth or CdlcfEffects
```

其中 CdlcfBoth 用于确定字体对话框的字体包括屏幕和打印机两者的全部字体，CdlcfEffects 用于确定对话框能够接受下划线、字体颜色等。

设置 flags 后，再使字体对话框按用户意愿显示出来。即

```
Cdl.ShowFont
```

在文本框中，要实现对字体的真正操作，可使用下列代码：

```
[<控件名称>].<字属性> = Cdl.<选定字属性>
```

例如：Text1. FontBold = Cdl. FontBold

5.1.4 打印对话框

1. 打印对话框的属性

打印对话框的常用属性如下：

Copies：规定打印的份数。

FromPage：开始打印的页码。

ToPage：终止打印的页码。

hDc：分配给打印机的句柄，用于识别打印机对象的设备环境。

PrinterDefault：确定在“打印”对话框中的选择是否用于改变系统默认的打印机设置。若为 True，则可按用户选定格式打印。

2. 打印机的常用方法

打印机的常用方法如下：

Printer. NewPage 打印换页。

Printer. Enddoc 将打印信息送入打印机，准备打印。

Printer. KillDoc 开始打印。

例如下列语句将打印出幼圆形字体，5～60 号字，内容是“我想看打印机的打印

效果”。

```
Printer. FontName="幼圆"
For i=5 to 60 step 5
Printer. FontSize=i
Printer. Print "我想看打印机的打印效果"
Next
Printer. Enddoc
```

3. 使用打印机对话框

要使用打印机对话框，只需将打印机对话框显示出来，即

```
Cdl. ShowPrinter
```

再对打印机的属性或方法进行设定，即

Printer. <属性>= <属性值>

或:Printer. <方法>

5.1.5 颜色对话框

显示颜色对话框的方法如下：

```
Cdl. ShowColor
```

VB 获取用户选定了何种颜色，可使用下列语句：

对象名 . BackColor=Cdl. Color

对象名 . ForeColor=Cdl. Color

5.1.6 帮助对话框

显示帮助对话框的方法如下：

```
Cdl. ShowHelp
```

与帮助对话框相关的常用属性如下：

HelpCommand 设置或返回需联机帮助的类型；

HelpKey 返回或设置帮助主题的关键字。

关于更多的通用对话框信息，可参见相应的 VB 基础教程。

【例 5.1】 在窗体上建一个 Textl，内写若干字符。建一个 Framel 标题为格式，内中设 Option1～3，对应的标题为左对齐、右对齐和居中，建 Command1～3，名称依次改为 Lingcun（标题：另存为…）、yanse（标题：颜色…）和 Ziti（标题：字体…）。并放 Cdl 于窗体。

要求：在上述控件代码的支持下，使 Textl 中的文本：

（1）能左右对齐和居中。

（2）能改变字体的各种颜色。

（3）能将文件保存于任意路径下。

下面是完成要求的代码；

```
Private Sub lingcun_Click()
Cdl. Filter = "所有文件| *. * |文本文件| *. txt"         '用 Filter 设定文件的过滤类型
Cdl. ShowSave                        '用 FileName 获取用户保存文件的路径与全名
fName = Cdl. FileName
Open fName For Output As 1
Print #1, Text1                      '将 Text1 中的所有内容作一个记录写入文件
Close
End Sub
Private Sub Option1_Click()
Text1. Alignment = 0                                  '左对齐
End Sub
Private Sub Option2_Click()
Text1. Alignment = 1                                  '右对齐
End Sub
Private Sub Option3_Click()
Text1. Alignment = 2                                  '居中
End Sub
Private Sub yanse_Click()
Cdl. ShowColor
Text1. ForeColor = Cdl. Color
End Sub
Private Sub ziti_Click()
Cdl. Flags = CdlCFBoth Or CdlCFEffects                '设定字体参数
Cdl. ShowFont
Text1. FontName = Cdl. FontName
Text1. FontSize = Cdl. FontSize
Text1. FontBold = Cdl. FontBold
Text1. FonUnderline = Cdl. FontUnderline
Text1. FontItalic = Cdl. FontItalic
Text1. FontStrikethru = Cdl. FontStrikethru
End Sub
```

5.2 菜单在工程中的应用

菜单（Menu）是窗体中的重要部件，它不仅方便了人机对话，而且能提供对各种模块的运行控制。菜单分普通菜单和弹出式菜单两类。普通菜单又包括一般菜单和级联菜单。在菜单栏内显示的文字叫顶级菜单标题，单击顶级菜单标题拉出的叫一级子菜单，一级子菜单后若有向右箭头，则其后显示的叫二级子菜单，以此类推。具有一级、二级……子菜单的叫级联菜单。弹出式菜单平时不可见，只有当用户右击某处

（或某控件）时才出现。

5.2.1 菜单编辑器

不论制作何种类型的菜单，均需使用菜单编辑器。要打开菜单编辑器，应在 VB 设计模式下，主窗口为窗体选定状态，通过以下 4 种方式可打开菜单编辑器，见图 5.2。

（1）单击工具栏中“菜单编辑器”按钮。

（2）执行“工具”菜单中的“菜单编辑器”。

（3）使用快捷键 Ctrl＋E 键。

（4）在要建立菜单的窗体上右击，将弹出一个菜单，然后单击“菜单编辑器”命令。

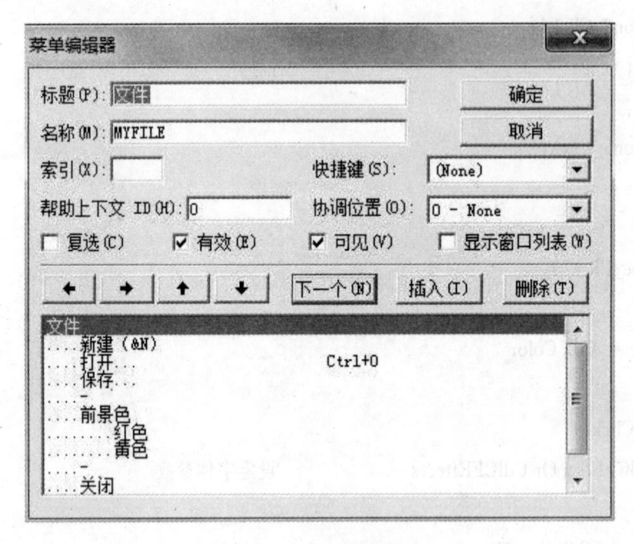

图 5.2 菜单编辑器

在菜单编辑器中标题（菜单的外观）和名称（用作代码设计）是必选项。标题常用汉字，名称常用英语或拼音输入。在菜单中的横线，也是标题，该横线用“－”（减号）做标题。索引适用于同一名称的菜单数组时，作为菜单数组的下标，为可选项。帮助上下文 ID，是一个文本框，可在该框中输入数值，这个值用来在帮助文件中查找相应的帮助主题。快捷键，是一个列表框，用来对某子菜单项的快速操作，若某子菜单项设有快捷键，不论该菜单是否已显示出来，只要该菜单在当前运行的窗体上，则任何时候均可用快捷键进行快速操作。快捷键框内有 Ctrl＋A 键～Ctrl＋Z 键等许多供选择的快捷键，用户只要需要，可选其中任一项。协调位置框，用来确定子菜单各项的对齐方式。☑复选，在框内单击后，将使该子菜单项前出现复选框。☑有效，VB 默认当前的子菜单项有效。若禁止使用，可在有效框内单击，使之无效。无效后的子菜单项是灰色的。☑可见，默认子菜单项可见，若不想见，则单击之。这里要强调的是，若使某菜单为弹出式菜单，必须将其顶级菜单的可见性去掉。

在菜单编辑器的下部，为菜单列表框。该框用来显示用户所作的各项菜单的级别、标题、访问键和快捷键等设置状况。在菜单列表框上部共有7个命令钮，其作用如下：

（1）左、右箭头　用来产生或取消内缩符号，设置上一级或下一级子菜单。

（2）上、下箭头　用来在菜单项显示区中移动菜单项的位置，使菜单列表框中的光标上移或下移。

（3）下一个　用来在一个菜单项建完后开始建新菜单项（与回车键的作用相同）。

（4）插入　单击该钮，在当前光标处准备插入一个新的菜单项，原光标处的菜单项后移。

（5）删除　在菜单列表框中，将光标移到某欲删菜单项上，再单击该键，则删去该菜单项。

5.2.2 用菜单编辑器编辑菜单

1. 建立顶级菜单的方法

先打开菜单编辑器→在标题处输入菜单的名字作标题→按 Tab 键→输入菜单名及各菜单项的控件名作名称。

2. 建立子菜单的方法

若为一级子菜单，可以单击下一个→右箭头→输入标题→按 Tab 键→输入名称→根据需要设置快捷键、复选框、可见→…→最后确定。

注意：

（1）若为一级子菜单项，在菜单列表框的标题前有“…”出现；若为“……”，则为二级子菜单项等。

（2）VB还允许为子菜单设置访问键。访问键的作用也是加快运行速度，但与快捷键不同。一是当设有访问键的菜单出现时，才能使用访问键；二是访问键必须在标题中设置。如保存（S）中的S即为访问键，当该子菜单项在运行状态出现时，单击保存（S）项和按快捷键S是同样的效果。而要建保存（S），可在菜单编辑器的标题中输入保存（&S）即可。其中&在菜单出现时并不显示，而显示的是&后的热键字符，即S。

【例5.2】 试用菜单编辑器设计如图5.3所示的下拉式菜单：

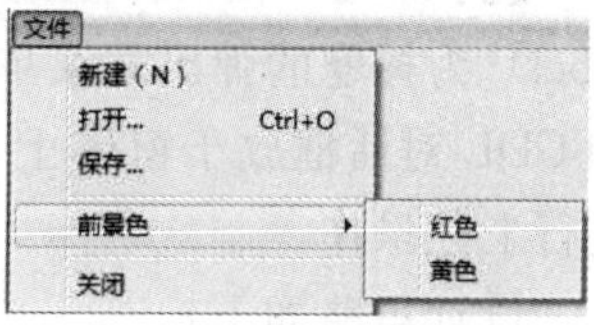

图5.3　下拉式菜单设计

3. 建立方法

（1）顶级菜单。打开菜单编辑器→在标题中输入：文件→按 Tab 键→在名称中：Myfile

（2）建子菜单项。

下一个→标题：新建（&N）→按 Tab 键→名称：Mynew

下一个→标题：打开…→按 Tab 键→名称：Myopen→按快捷键 Ctrl+O

下一个→标题：保存…→按 Tab 键→名称：Mysave

下一个→左箭头→标题：“-”→按 Tab 键→名称：jhl

下一个→标题：前景色→按 Tab 键→名称：forecolor

下一个→右箭头→标题：红色→按 Tab 键→名称：Myred

下一个→标题：黄色→按 Tab 键→名称：Myyellow

下一个→左箭头→标题："—"→按 Tab 键→名称：jh2

下一个→标题：关闭→按 Tab 键→名称：Myquit→按确定键

这样，我们就建成了一个既有快捷键、又有级联菜单的文件菜单。由于菜单控件的事件过程，只有 Click。所以，用菜单编辑器编完菜单后，在窗体上打开子菜单项，要对任一项编码，只需单击其标题即可打开该菜单的事件过程代码窗口。需要注意的是，利用菜单编辑器编写菜单的最少必须选择项为标题和名称，其中标题用来显示，名称是编写代码的唯一识别符，名称不允许重名。分隔符标题必须用"—"（减号），而且若有多个减号时，每个减号的名称必须不同。要对任一个子菜单编写代码，只需在 VB 的设计状态下，单击该标题即可打开代码窗口。

5.2.3 弹出式菜单

弹出式菜单平时并不可见（因其顶级菜单已设为不可见）。要使其显示出来，必须右击，并配合 PopupMenu 方法。使用 PopupMenu 的格式如下：

```
PopupMenu，<弹出式菜单名>，[<菜单安排>]
```

其中<弹出式菜单名>，是指弹出式菜单的顶级菜单名，<菜单安排>是指弹出式菜单在显示时的方式，为可选项。显示方式有多种参数，其中 VbPopupMenuCenterAlign 最常用。该常数的作用是指定弹出式菜单以单击处为中心，弹出式菜单的其余常数见 VB 基础教材。下拉式菜单与弹出式普通菜单的区别是顶级菜单在设计时是否将可见性设为真。

支持菜单弹出的事件过程如下：

```
Private Sub Form_MouseDown(Button As Integer, Shift As Integer, X As Single, Y As Single)
  If Button=2 Then PopupMenu <弹出式顶级菜单名>，<弹出安排>
End sub
```

【例 5.3】 在窗体上建立［例 5.2］所示的普通菜单，并建立以文本处理（名：wbcl）为标题的弹出式菜单，其内容为剪切（名：JQ）和粘贴（名：ZT），将 Text1 和 CDL 对话框放于窗体上，Text1 接受多行文本。试编写代码，对 Text1 中的文本进行上述操作。

设计思路如下：

（1）在菜单编辑器中，完成上述两种菜单的建立工作。

（2）有关剪切板与粘贴的使用，剪切板（Clipboard）是 VB 为用户提供的内部系统对象，与 Print、Screen、App 等一样，用户可在任何过程或函数中使用它们，因为系统已规定它们是全局通用对象。剪切板的常用方法如下：

Clear 用于清空剪切板中的内容。

SetDate <图形数据>［，<格式>］将指定的图形数据按格式要求放于剪切板中。

GetDate <格式> 粘贴剪切板中指定格式的数据。

SetText <文本数据> 将选中的文本放于剪切板中。

GetText 粘贴剪切板中的文本。

例如：要将文本框 Text1 中用户选定的字串放于剪切板中，可写为

```
Clipboard. SetText Textl. SelText
```

再如：将剪切板中所获得的文本，作为 Text2 中所选定的文本（即将剪板中的内容粘贴到 Text2 的光标处），可写为

```
Text2. SelText=Clipboard. GetText
```

（3）用 Form _ Load 事件，将李白的诗句放于 Text1 中；用 Text1 _ MouseUp 事件，使文本处理的菜单弹出；用 MyOpen _ Click 和 MySave _ Click 事件，对 Textl 中的文本作为文件打开和保存，用 JQ _ Click 事件和 ZT _ Click 事件完成剪切和粘贴文本的工作。

（4）代码编写。

```
Private Sub Form_Load()
  Textl="李白诗"
  Textl=Textl & vbCrLf & "床前明月光,疑是地上霜,"
  Textl=Textl & vbCrLf& "举头望明月,低头思故乡。"
End Sub
Private Sub Text1_MouseDown(Button As Integer, Shift As Integer, X As Single, Y As Single)
  If Button=2 Then
    PopupMenu wbcl, vbPopupMenuCenterAlign      '显示弹出式菜单
  End If
End Sub
Private Sub JQ_Click()
  Clipboard. SetText Text1. SelText             '对选定内容进行剪切
  Text1. SelText=""
End Sub
Private sub ZT_click()                          '对剪切版的内容进行粘贴
  Text1. selText=clipboard. getText
End sub
Private Sub Mynew_Click()
  Textl= ""                                     '新建文件
End Sub
Private Sub Myopen_Click()                       '打开文件
  Cdl. Filter = "所有文件(*.*)|*.*|txt(*.txt)|*.txt|word(*.doc)|*.doc"   '设定文件类型过
滤器
  Cdl. ShowOpen                                 '显示打开文件对话框
Open Cdl. FileName For Input As 1
  Do While Not EOF(1)
```

```
    Line Input #1， tt
    t=t & vbCrLf & tt
  Loop
  Text1 = t
  Close
End Sub
Private Sub Mysave_Click()                    '保存文件
  Cdl.Filter= "所有文件(*.*)|*.*|txt(*.txt)|*.txt|word(*.doc)|*.doc"
  Cdl.InitDir= "D:\"                          '指定初始路径为D盘
  Cdl.ShowSave
  Open Cdl.Filename For Output As 1    'Cdl.Filename 可获取保存文件的驱\夹\全名
    Print #1, Text1
  Close
End Sub
Private Sub Myred_Click()
Text1.ForeColor = vbRed
End Sub
Private Sub Myyellow_Click()
  Text1.ForeColor = vbYellow
End Sub
Private Sub Myquit_Click()
  End
End Sub
```

操作演示 5.1

【例 5.4】 某一修筑于河道中的溢流坝，坝顶高程为 110.0 m，溢流坝面长度中等，河床高程为 100.0 m，上游水位为 112.96 m，下游水位为 104.0 m，通过溢流坝的单宽流量 $q = 11.3\ m^2/s$。其中水跃淹没系数 $\sigma_j = 1.05$，流速系数 $\varphi = 0.9$，消力池出流的流速系数 $\varphi' = 0.95$。试判别溢流坝下游是否需要做消能工。如果要做消能工，则进行消力池的水力计算，请分别计算消力池深 d 和池长 L_k。底流消能水力计算相关公式如下：

$$h''_c = \frac{h_c}{2}\left(\sqrt{1+8Fr_c^2}-1\right) \tag{5.1}$$

$$E_0 = h_c + \frac{q^2}{2gh_c^2\varphi^2} \tag{5.2}$$

$$d = \sigma_j h''_c - (h_t + \Delta z) \tag{5.3}$$

$$\Delta z = \frac{q^2}{2g}\left[\frac{1}{(\varphi' h_t)^2} - \frac{1}{(\sigma_j h''_c)^2}\right] \tag{5.4}$$

式中：h_c 和 h''_c 分别为跃前水深和跃后水深；h_t 为下游水深；Fr_c 为跃前水深 h_c 处的弗劳德数；q 为单宽流量，$q = Q/B$；d 为消力池池深；Δz 为水流出池落差。

设计思路如下：

(1) 控件设计。在窗体上建立 1 个下拉式菜单，内容分别为计算（calculation）、清空（clear）和粘贴（quit）；2个框架，内容分别为计算参数和计算结果，计算参数框架里面包含6个标签Label1～6和6个文本Text1～6，计算结果框架里面包含4个标签Label7～10和4个文本Text7～10。

（2）底流消能水力计算。

1）判别是否需要设置消力池。

$$E_0 = 112.96 - 100 = 12.96\text{m}$$

$$q = 11.3\text{m}^2/\text{s}$$

由式（5.1）得

$12.96 = h_c + \dfrac{11.3^2}{2\times 9.81\times 0.90^2 h_c^2}$，解非线性方程得到收缩断面水深 $h_c = 0.8133\text{m}$

$$\begin{aligned} h_c'' &= \frac{h_c}{2}(\sqrt{1+8Fr_c^2}-1) \\ &= \frac{0.8133}{2}\left[\sqrt{1+8\left(\frac{q}{h_c\sqrt{gh_c}}\right)^2}-1\right] \\ &= \frac{0.8133}{2}\left[\sqrt{1+8\left(\frac{11.3}{0.8133\sqrt{9.81\times 0.8133}}\right)^2}-1\right] \\ &= 5.2655 > h_t = 104-100 = 4\text{m} \end{aligned}$$

表明会发生远驱式水跃，需要设计消力池。

2）计算消力池池深 d。假设消力池池深 $d_1 = 1.4766\text{m}$

$$E_0 = 112.96 - 100 + 1.4766 = 14.4366\text{m}$$

$16.554 = h_c + \dfrac{11.3^2}{2\times 9.81\times 0.9^2 h_c^2}$，解非线性方程得到收缩断面水深 $h_c = 0.7667\text{m}$

由式（5.4）得

$$\Delta z = \frac{q^2}{2g}\left[\frac{1}{(\varphi' h_t)^2} - \frac{1}{(\sigma_j h_c'')^2}\right]$$

$$\begin{aligned} h_c'' &= \frac{h_c}{2}(\sqrt{1+8Fr_c^2}-1) = \frac{0.7667}{2}\left[\sqrt{1+8\left(\frac{q}{h_c\sqrt{gh_c}}\right)^2}-1\right] \\ &= \frac{0.7667}{2}\left[\sqrt{1+8\left(\frac{11.3}{0.7667\sqrt{9.81\times 0.7667}}\right)^2}-1\right] \\ &= 5.4564\text{m} \end{aligned}$$

$$\begin{aligned} \Delta z &= \frac{q^2}{2g}\left[\frac{1}{(\varphi' h_t)^2} - \frac{1}{(\sigma_j h_c'')^2}\right] \\ &= \frac{11.3^2}{2\times 9.81}\left[\frac{1}{(0.95\times 4.0)^2} - \frac{1}{(1.05\times 5.4564)^2}\right] = 0.2524\text{m} \end{aligned}$$

$$\begin{aligned} d_2 &= \sigma_j h_c'' - (h_t + \Delta z) \\ &= 1.05\times 5.4564 - (4.0 + 0.2524) \\ &= 1.4768\text{m} \end{aligned}$$

因为 $|d_2 - d_1| < 0.0005$，故 $d = 1.4766$ m

3）计算消力池池长 L_k：

$$L_k = (0.7 \sim 0.8)L_j$$

$$h_1 = h_c = 0.7667\text{m}$$

$$Fr_1 = \frac{11.3}{0.7667\sqrt{9.81 \times 0.7667}} = 5.3746$$

$L_j = 10.8h_1(Fr_1 - 1)^{0.93} = 10.8 \times 0.7667 \times (5.3746 - 1)^{0.93} = 32.6659\text{m}$

$L_k = (0.7 \sim 0.8) \times 32.6659 = 22.8661 \sim 26.1327\text{m}$

（3）代码设计。

```
Private Sub calculation_Click()
  Command1_Click
End Sub
Private Sub clear_Click()
  Command2_Click
End Sub
Private Sub quit_Click()
  Command3_Click
End Sub
Private Sub Command1_Click() '消力池池深和池长计算
  Const g! = 9.81
  h0 = Val(Text1.Text)
  phi = Val(Text2.Text)
  phi_1 = Val(Text3.Text)
  qd = Val(Text4.Text)
  ht = Val(Text7.Text)
  б = Val(Text10.Text)
  a = qd * qd / (2 * g)
  d2 = 1.4766
  Do
    d1 = d2
    hc01 = 0
    For j = 1 To 100
    hc0 = qd / (phi * Sqr(2 * g * (h0 + d1 - hc01)))
    If Abs(hc0 - hc01) < 0.00001 Then Exit For
    hc01 = hc0
    Next
    hcp = hc0 / 2 * (Sqr(8 * qd * qd / (g * hc0 ^ 3) + 1) - 1)
    ΔZ = a / (phi_1 * ht) ^ 2 - a / (1.05 * hcp) ^ 2
    d2 = б * hcp - (ht + ΔZ)
  Loop While Abs(d2 - d1) > 0.00001
```

```
    Text5.Text = Str$(Int(d2 * 100) * 0.01)
    Fr1 = Sqr(qd * qd / (g * (hc0) ^ 3))
    lk = 10.8 * hc0 * (Fr1 - 1) ^ 0.93
    l = 0.8 * lk
    Text6.Text = Str$(Int(l * 100) * 0.01)
    Text8.Text = Str$(Int(hc0 * 100) * 0.01)
    Text9.Text = Str$(Int(hcp * 100) * 0.01)
End Sub
Private Sub Command2_Click() '清空
    Text5.Text = ""
    Text6.Text = ""
    Text8.Text = ""
    Text9.Text = ""
End Sub
Private Sub Command3_Click() '退出
    End
End Sub
```

运行后的计算结果见图 5.4。

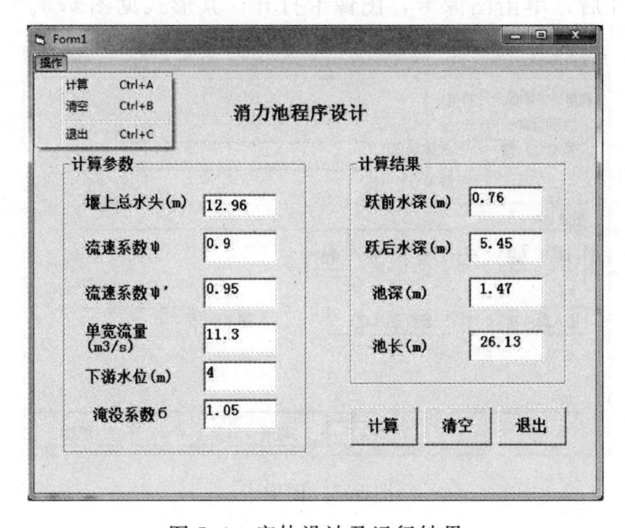

图 5.4 窗体设计及运行结果

5.3 工具栏在工程中的应用

工具栏和菜单是 Windows 的标准设置。用户可以根据个人爱好和方便，去使用其中的任意一种。

要创造工具栏，用户必须先将 Active X 控件“Microsoft Windows Common Control 6.0”引入工具箱。引入后，在工具箱中出现了一组通用控件。其中 ImageList 控件和 Toolbar 控件是创造工具栏的两个重要软件包。

要创造工具栏，应遵循以下创立步骤：

（1）将 ImageList 和 Toolbar 引入窗体。

（2）用 ImageList 控件创建用户所需的图像组。

（3）用 Toolbar 控件创建工具栏的按钮。

（4）将图像放到按钮上。

（5）编写代码，支持工具栏中的工具。

5.3.1　用 ImageList 创建图像

先将工具箱中的 ImageList 控件引入窗体，其默认名称为 ImageList1，右击 ImageList1，再单击选定其属性，ImageList1 的属性页打开。在 ImageList1 的属性页中，有三个卡片，即通用卡、图像卡和颜色卡。

1. 通用卡

用来统一规定图像的尺寸，其中 16×16 的图像为 Windows 默认的图像大小。用户可根据自己的需要，选用 32×32、48×48 或采用自定义大小均可。在任何图像尚未装入 ImageList1 之前，必须先用通用卡，预先规定图片的大小。否则，系统将拒绝以后的任何更改。

2. 图像卡

选定图像尺寸后，单击图像卡，图像卡打开，其形式见图 5.5。

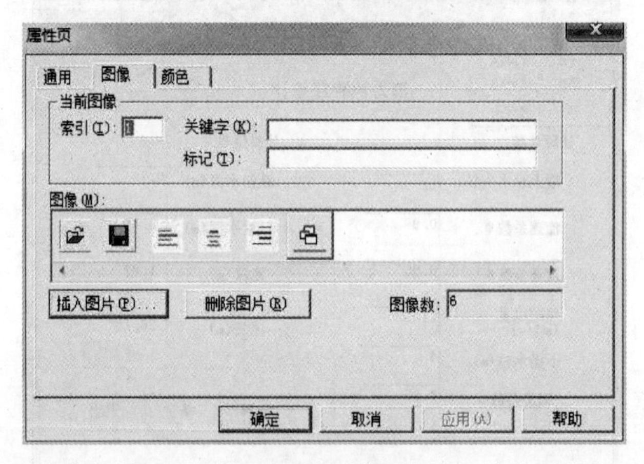

图 5.5　图像卡

用图像卡建立图像的方法与步骤如下：

单击“插入图片(P)…”按钮→选定图片的对话框打开→选定相应图片所在的驱\夹\名→打开→选定的图片在“图像”框中出现→在“关键字（K）”栏中，输入本图像的关键字→重复上述步骤→最后确定→一组用户预选的图像建立完毕。

这里有三点需要强调，一是插入什么图像，Windows 为用户准备了许多图像，而工具栏按钮上要放置的图像是 *.bmp 类图像，包括剪切、保存等均为此种类型的图像。当然，用户若有需要也可以选其他类型的图像，或者用 Command 命令按钮制作自己的图像均可以。该类图像的位置、文件名等可用查找的方法找到；二是关键字（Key）和图像数，对用户而言，图像的关键字（Key）与用户的代码设计无关，而图像数是在按钮上必须要使用的；三是当插入图像过多或某图像不合适时，可以单击欲删图像，再单击“删除图片（R)”钮即可。

3. 颜色卡

用来设置按钮的前景和背景色等。

5.3.2 用 Toolbar 控件创建按钮及与图像的联系

Toolbar 控件是专门用来放置按钮的载体，如果用户需要，多少按钮都可以放入其中。要创建按钮，并在按钮上放置图像，可以将工具栏中的 Toolbar 控件放入窗体(放入后自动进到窗体的上部)，然后在其属性窗口中选择（也可不选）BorderStyle，设为 1 （＝ccFixedSingle)，则 Toolbar1 的立体感出现。再右击 Toolbar1，选择属性，属性页打开。Toolbar1 的属性页也有三个选项卡，它们是通用卡、按钮卡和图片卡。

利用 Toolbar 控件创建按钮，在按钮上放置图像的步骤如下。

1. 使用通用卡

通用卡的形式见图 5.6。进入通用卡后，在“图像列表”框的下拉钮上单击，出现图像列表控件 ImageList1，单击选定。这样图像列表控件 ImageList1 就和 Toolbar1 建立了联系。如果按钮上还要放置文字，就应选择“文本对齐”框，单击下拉钮，选定文本放于按钮图片的底部（0 - tbrTextAlignBotton）还是右边（1 - tbrTextAlignRight)，如果要选定按钮的“样式”，可以单击“样式（Y)”下拉钮选定按钮是凸起样式（0 - tbrStandard，这是 win95 的标准样式)，还是 win98 平放样式（1 - tbrFlat)。若要设计 Toolbar1 的外边框样式，可以选择“边框样式”下拉钮选定。若要选定鼠标放到按钮上的样式，可单击“鼠标指针”框的下拉钮选定。若一行放不下所有按钮，允许换行时，应选定“可换行的”复选框有效。

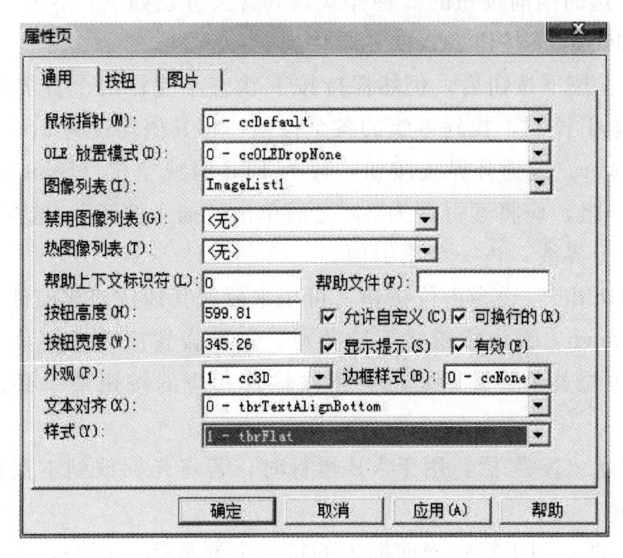

图 5.6　Toolbar 的通用卡

2. 使用按钮卡

按钮卡的形式见图 5.7。使用按钮卡的目的是将 ImageList1 中的图像放到创建的按钮上。进入按钮卡后，先单击“插入按钮”按钮，在索引中出现了索引值，可用索引值选择不同的按钮。若在标题框内单击，输入按钮的标题，则按钮上出现文字。按钮的关键字是必需的，将来运行代码时，判断用户点击了哪个按钮，就是使用按钮的关键字（Button. key）。

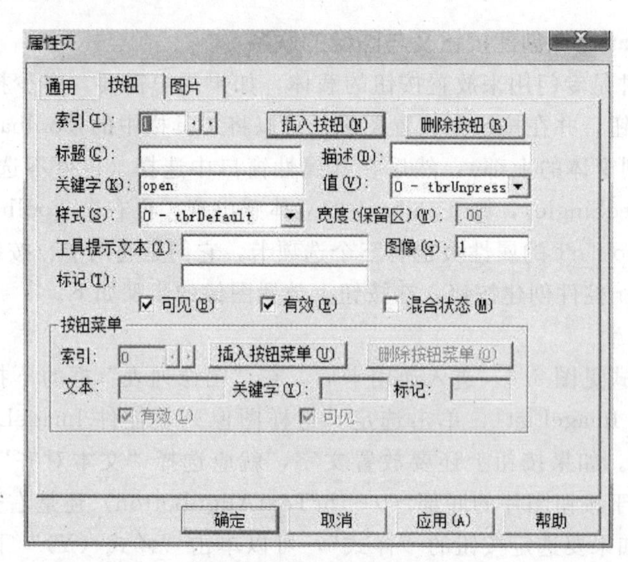

图 5.7 Toolbar 的按钮卡

在“关键字”框中，输入必需的关键字（此关键字与图像中的关键字并无关系）。在“值（V)”框中可选择当前按钮的初始外观状态（按下还是未按下）。在“样式(S)”框中，有备选的当前按钮的 5 种样式，其含义分别如下：

0 - tbrDefault：按下按钮后，恢复原状。

1 - tbrCheck：按下按钮后，仍然保持按下状态不变；两个分界线之间的全部按钮为一组。可用索引控制，找到本组的各个按钮，将其值均设为 2。

3 - tbrSeparator：设为分界线按钮，设为 Flat 时或空位（Standard 时）。如要将前两个按钮设为一组，应将索引调为 3，之后单击“插入按钮”，选样式为 3 - tbrSeparator，注意一个分界线，占一个索引值。

4 - tbrPlaceHolder：设为占位按钮，可用来放置其他按钮或控件。

5 - tbrDropDown：设为按钮式下拉菜单。这种设置应在按钮菜单的框架中，单击“插入按钮式下拉菜单”按钮之后，依次输入相应的按钮菜单必需的“文本”和“关键字”。

“工具文本提示（X)”栏，用于 VB 运行时，若将光标放到本按钮上，系统会自动给出的功能提示。

“图像（G)”框，用于规定当前插入的按钮上要放哪个图像，若不给图像，该按钮是个空白钮。当某按钮无合适图像时，也可采用空白钮，但应设置其文字标题。

3. 图片卡

用于图片的打开和浏览等。

5.3.3 Toolbar 控件的事件过程

Toolbar 控件的事件过程名称较多，采用何种过程名，应视按钮类型而定。对于普通按钮，Toolbar 的事件过程如下：

```
Private Sub Toolbar1_ButtonClick (ByVal Button As MSComCtlLib. Button)

End sub
```

在过程内，用户可依据按钮的关键字进行判断选择。例如：

```
Select Case Button. Key
Case "关键字 1"
  …
Case "关键字 i"
  …
End Select
```

对于按钮式菜单，Toolbar 使用下列事件过程：

```
Private Sub Toolbar1_ButtonMenuClick(ByVal ButtonMenu As MSComCtlLib. ButtonMenu)
Select case ButtonMenu. Key
Case …
…
End Select
End Sub
```

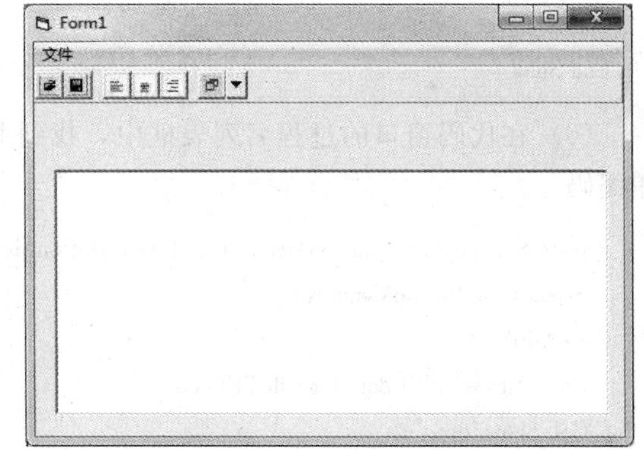

图 5.8 按钮组设计

【例 5.5】 在例 5.3 的窗体上，建立三组按钮，详见图 5.8。试述建立方法，并编写对 Text1 中文本进行操作的代码。

按钮组设计如下：

(1) ImageList1 及 Toolbar1 引入窗体。

(2) 右击 ImageList1→属性→通用卡→选 16×16→图像卡→单击“插入图片…”→选定 Open 图像→打开，图像数：1→单击“插入图片…”→选定 Save 图像→打开，图像数：2→单击“插入图片…”→选定 Lft 图像→打开，图像数：3→单击“插入图片…”→选定 Ctr 图像→打开，图像数：4→单击“插入图片…”→选定 Rt 图像→打开，图像数：5→单击“插入图片…”→选定 Font 图像（选其他图像代替）→打开，图像数：6→确定。

(3) 右击 Toolbar1→属性→通用卡→在图像列表框中选 ImageList1→选择样式框中 0 - tbrStandard→选边框样式为 1 - ccFixedSingle。

(4) 单击按钮卡→单击“插入按钮”→关键字：Open→图像：1→单击“插入按

钮”→关键字：Save→图像：2→单击“插入按钮”→选样式中：3－tbrseparator，插入分隔线→单击“插入按钮”→关键字：Left→图像：3→单击“插入按钮”→关键字：Center→图像：4→单击“插入按钮”→关键字：Right→图像：5→单击“插入按钮”→选样式中：3－tbrSeparator，插入分隔线→单击“插入按钮”→关键字：Mfont→图像：6→在样式中选：5－tbrDropDown→在按钮菜单框架中选：插入菜单→输入文本：字体→关键字：font→插入菜单→输入文本：颜色→关键字：color→确定。

（5）双击 Toolbar1，为普通按钮编码。

```
Private Sub Toolbar1_ButtonClick(ByVal Button As MSComctlLib. Button)
Select Case Button. Key
  Case "open"
    MYOPEN_ Click                              '调用菜单打开的试件过程
  Case "save"
    MYSAVE_ Click
  Case "Left"
    Text1. Alignment= 0
  Case "Center"
    Text1. Alignment= 2
  Case "Right"
    Text1. Alignment= 1
  End Select
End Sub
```

（6）在代码窗口的过程名列表框中，找到 ButtonMenuClick 单击选定，为按钮菜单编码。

```
Private Sub Toolbar1_ButtonMenuClick (ByVal ButtonMenu As MSComctlLib. ButtonMenu)
  Select Case ButtonMenu. Key
Case "ziti"
  Cdl. Flags= cdlCFBoth Or cdlCFEffects
  Cdl. ShowFont
  Text1. FontName = Cdl. FontName
  Text1. FontSize= Cdl. FontSize
  Text1. FontBold= Cdl. FontBold
  ...                      '这里用户可以填写更多的字体属性
Case "yanse"
  Cdl. ShowColor
  Text1. ForeColor= Cdl. Color
 End Select
End Sub
```

由于本例的代码是在［例5.3］代码基础上编写的。故重复部分不再赘述。

5.4 软件打包和展开

打包和展开向导是一种工具，能帮助 Visual Basic 应用程序创建包装，并将它们安装到最终用户的机器上。在运行该向导之前，必须有一个保存并编译了的工程。软件打包和展开的具体操作如下：

（1）打开 VB6.0 IDE，加载工程。单击“外接程序”菜单下的“外接程序管理器”。

（2）在弹出的窗体中选择“打包和展开向导”（最后一项），在加载行为中选择“加载/卸载”，单击确定。

（3）再次单击“外接程序”菜单项，单击“打包和展开向导”。

（4）单击“打包”，选择“标准安装包”，一直单击下一步，最后单击“完成”，单击“关闭”。

（5）此时工程文件夹下会有一个名为“包”的文件夹。

（6）单击“展开”，单击下一步（2 次），此时询问“您希望在哪里展开这个包?”，单击“新建文件夹”在电脑中其他位置新建一个文件夹，单击下一步，单击“完成”，单击“关闭”。

第6章
Visual Basic 6.0 全方位管理

VB 6.0不仅为用户提供了宽松友好的设计环境，而且还提供了对其他各种软件的强大管理功能。可以说，VB 6.0对各种软件平台的管理、对各种本地资源的管理，都是得心应手、轻而易举。本章将结合VB 6.0对纯文本文件、系统资源、数据库、多媒体的管理以及对Windows的API开发等内容，介绍VB 6.0的全方位管理。

6.1 对Excel的管理

VB 6.0不仅可以进行大量控件和界面设计，数据的运算、工程设计、绘图等工作，还能对各种软件进行开发和管理。如对Word、Excel、AutoCAD的管理，对数据库的管理，对多媒体的管理，对网页的制作，以及对C语言开发的计算机底层函数的API包装技术的应用等均得心应手，这也使VB 6.0有了巨大的运用与开发空间。鉴于VB 6.0在水利工程中的应用范围，本章主要介绍VB 6.0对Excel、纯文本以及数据库的管理。

Excel软件是水利工程勘测、设计、施工和管理中最常用的高级表格软件，它自身具有丰富的计算、判断功能。可以用Excel工作表（Sheet1，Sheet2，…）作为VB 6.0的窗体（Form1，Form2，…），在工作表Sheet上引入VB 6.0控件，编写VB代码，从而达到对Excel的高级管理和利用。

6.1.1 Excel下VBA设置

在Excel中下挂的VBA，要求其版本比VB 6.0低，基本相当于VB 4.0，但用于水利工程设计与软件开发已经具有足够的功能。要在Excel环境下，使用VBA，需要提前做以下两点工作：

（1）创建VB环境：单击“文件”按钮→单击“选项”按钮→单击“自定义功能区”→勾选“开发工具”→“开发工具”菜单出现“Visual Basic”，见图6.1。

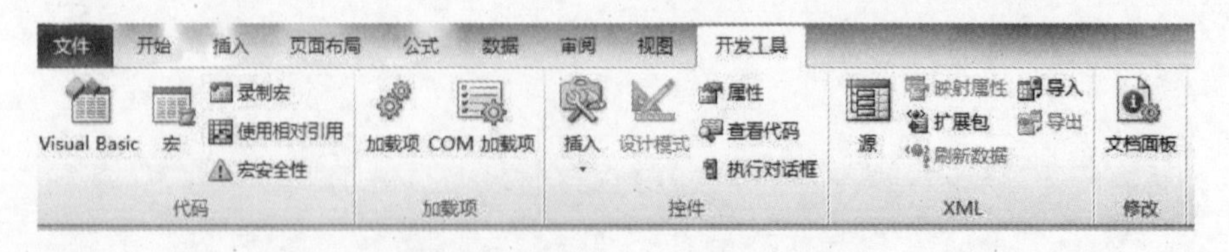

图6.1 Visual Basic开发工具界面

（2）单击VBA按钮组的“安全”按钮，在其安全性对话框中，将其安全指标选为“低”→确定（说明：这样做是为了防止在启动Excel时，总是显示系统安全性提示，有时会因此打不开文件）。

6.1.2 VBA 控件与使用

VBA 按钮组中各控件及含义见图 6.2。

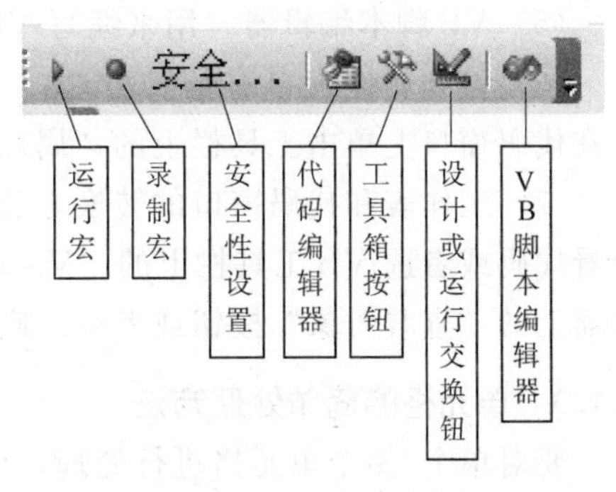

图 6.2 VBA 控件及含义

VBA 按钮组各控件的使用方法如下：

（1）运行宏与录制宏。“宏”是指 VB 的模块，如：窗体模块、类模块或普通过程。例如：

```
Private Sub 对象名称_过程名称()        事件过程
Private Sub 过程名称()                普通过程
```

普通过程与控件无关，录制宏或运行宏就是对这些代码的编写和运行。需要强调的是，应用录制和运行宏的方法不需要在 Excel 工作表上添加任何控件，这对于保持工作表的完整性和洁净性很有益处。

（2）VBA 代码编辑器。单击该按钮，VBA 代码窗口便会打开，见图 6.3。

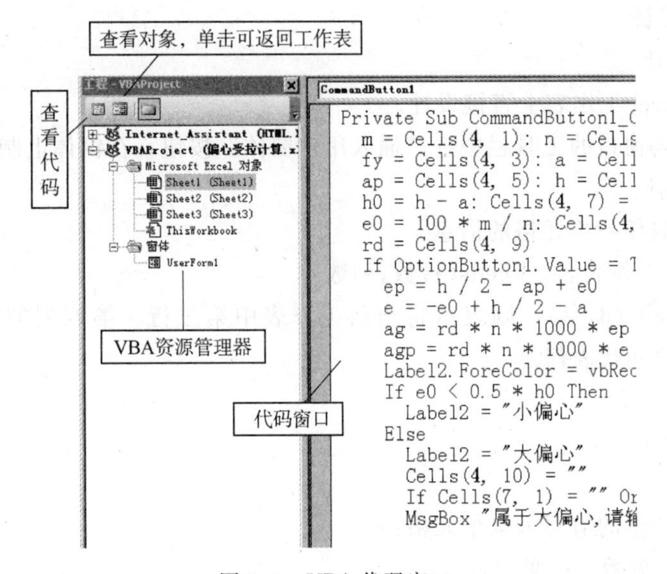

图 6.3 VBA 代码窗口

其形式与 VB 资源管理器和 VB 代码窗口几乎一样。需要注意以下问题：①如何返回工作表；②系统默认的工程名称是什么；③如何编写工作表 Sheet2 里的代码。

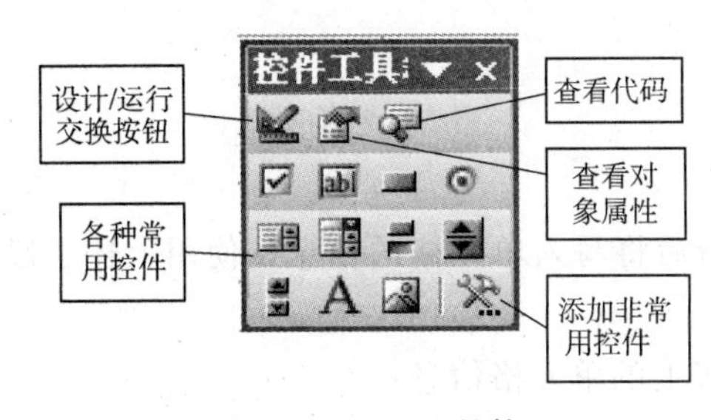

图 6.4 VBA 工具箱

（3）工具箱按钮。单击该按钮，VB 的工具箱便会打开，见图 6.4。

（4）设计/运行代码按钮。这是一个交换式按钮，当处于设计状态时，用户单击控件，其四周有控制柄（小方块）出现，反之则无。需要注意的是，要运行程序，必须将光标移到单元格选定状态。

（5）VB脚本编辑器。用来编写VB工程代码。

（6）打开属性窗口有两种方法：①在工作表上右击工作表上的控件→选属性；②在代码窗口上单击工具栏上的“属性”按钮。

（7）工作表和代码窗口的转换方法如下：①在工作表上右击工作表上的控件→选查看代码或者选VB工具栏上的“Visual Basic编辑器”；②在代码窗口上单击资源管理器上的“查看对象”按钮或者单击底屏栏的最小化Excel图标打开。

6.1.3 单元格的简单处理方法

要对单个/多个单元格进行处理，可以先选定该区域→右击→按对话框提示选择，如选择“设置单元格格式…”→设置以下选项：对齐方式、边框、数字、字体、合并单元格等。

简单函数运算：单击工具栏的∑下拉按钮可进行简单的运算，特殊运算可参考Excel函数的相关的教材（如：怎样使用If函数）。

6.1.4 VBA设计

1. 控件设计

（1）在Excel工作表上直接设计。

（2）在代码窗口的工具栏中选“插入用户窗体”按钮，在窗体上制作控件。

2. 代码设计

（1）要获取任一单元格的信息。

变量名=[工作表名.] cells(行数,列数)

如：sd=cells(3，4)，则表示将当前工作表中第三行、第四列的信息赋给变量sd。请问如下语句代表何意？

```
For i=1 to 15
A(i)=cells(2,i)
Next
```

（2）要将变量的值写入某单元格：

cells(行数,列数)=变量名

（3）要将某工作表显示出来：

sheet2. Activate

（4）要清空某单元格的内容：

cells(行数,列数)=" "

为了保持原始表格的数据，应在VB运行后将写入单元格的信息，使用上述手段清除。

（5）本工作表的变量要获取Shee3工作表上的单元格信息：

变量名=sheet3. cells(行数，列数)

【例6.1】 在［例5.4］的基础上通过Excel中VBA实现消力池程序设计，在Excel工作表上编写混凝土重力坝消力池的跃前水深 h_c 和跃后水深 h''_c 的设计软件，并确定是否需修建消力池。当 $h''_c > h_t$ 时，发生远驱式水跃，需要修建消力池；反之，只修建构造式消力池即可。

操作演示 6.1

设计思路如下：

（1）控件设计。建立消力池池深和池长程序设计表，在表外 Check Box1（标题：池深设计流量）、Check Box2（标题：池深和池长）和 Command1（标题：刷新），Excel 工作表界面设计详见图 6.5。

	A	B	C	D	E	F	G	H	I	J
1	消力池程序设计表									
2	堰宽	堰高	单宽流量	堰上水深	跃前水深	跃后水深	下游水深	池深设计流量	池深	池长
3	30	10	2	0.8			3.5			
4			5	1.2			3.6			
5			8	1.5			3.7			
6			10	1.9			3.8			
7			11.3	2.96			4			
8										
9										
10	□池深设计流量				□池深与池长			刷新		

图 6.5　Excel 工作表界面设计

（2）代码设计。

```
Dim qd As Single, hc_f As Single, yg As Single, k As Integer  '通用声明
Private Sub CheckBox1_Click()  '为池深设计流量编写代码
  Dim q() As Single, yss() As Single, hc() As Single, hcp() As Single, cz() As Single
  For i = 3 To 7
   ReDim Preserve q(i) As Single, yss(i) As Single, hc(i) As Single, hcp(i) As Single
  q(i) = Cells(i, 3): yss(i) = Cells(i, 4)
  yg = Cells(3, 2):
  e0 = yg + yss(i)
  If q(i) = 0 Or yss(i) = 0 Then
  MsgBox "请输入数据": Exit Sub
  End If
    hc01 = 0
    For j = 1 To 100
      hc(i) = q(i) / (0.9 * Sqr(2 * 9.8 * (e0 - hc01)))
      If Abs(hc(i) - hc01) < 0.0000000001 Then Exit For
      hc01 = hc(i)
      Next
      hcp(i) = hc(i) / 2 * (Sqr(8 * q(i) * q(i) / (9.8 * hc(i) ^ 3) + 1) - 1)
      Cells(i, 5) = Int(hc(i) * 100) * 0.01
      Cells(i, 6) = Int(hcp(i) * 100) * 0.01
    Next
    For i = 3 To 7
    ReDim Preserve cz(i)
    cz(i) = hcp(i) - Cells(i, 7)
    Next
    r = cz(3)
    For i = 4 To 7
```

```
    If cz(i) > r Then r = cz(i): k = i
    Next
    Cells(k + 1, 8) = Cells(k, 3)
    qd = Cells(k, 3)
    hc_f = hc(k)
    Cells(k + 1, 8) = Int(Cells(k + 1, 8) * 100) * 0.01
  End Sub
  Private Sub CheckBox2_Click()    '为计算消力池池深和池长编写代码
    a = qd * qd / (2 * 9.8)
    h0 = yg + Cells(k, 4)
    ht = Cells(k, 7)
    б = 1.05
    d2 = 0
    Do
    d1 = d2
    hc01 = 0
    For j = 1 To 100
      hc0 = qd / (0.9 * Sqr(2 * 9.8 * (h0 + d1 - hc01)))
      If Abs(hc0 - hc01) < 0.00001 Then Exit For
      hc01 = hc0
    Next
    hcp = hc0 / 2 * (Sqr(8 * qd * qd / (9.8 * hc0 ^ 3) + 1) - 1)
    ΔZ = a / (0.95 * ht) ^ 2 - a / (1.05 * hcp) ^ 2
    d2 = б * hcp - (ht + ΔZ)
  Loop While Abs(d2 - d1) > 0.00001
  Cells(k + 1, 5) = Int(hc0 * 100) * 0.01
  Cells(k + 1, 6) = Int(hcp * 100) * 0.01
  Cells(k + 1, 9) = Int(d2 * 100) * 0.01
  lk = 10.8 * hc0 * (Sqr(qd * qd / (9.8 * (hc0) ^ 3)) - 1) ^ 0.93
  'lk = 10.8 * hc_f * (Sqr(qd * qd / (9.8 * (hc_f) ^ 3)) - 1) ^ 0.93
  l1 = 0.7 * lk
  l2 = 0.8 * lk
Cells(k + 1, 10) = Int(l1 * 100 + 0.5) * 0.01 & "-" & Int(l2 * 100 + 0.5) * 0.01
End Sub
Private Sub CommandButton1_Click()    '为"刷新"编写代码
  For i = 3 To 8
  Cells(i, 5) = ""
  Cells(i, 6) = ""
  Cells(i, 8) = ""
  Cells(i, 9) = ""
  Cells(i, 10) = ""
  Next
```

```
End Sub
```

程序运行结果详见图 6.6。

消力池程序设计表									
堰宽	堰高	单宽流量	堰上水深	跃前水深	跃后水深	下游水深	池深设计流量	池深	池长
30	10	2	0.8	0.15	2.22	3.5			
		5	1.2	0.38	3.47	3.6			
		8	1.5	0.6	4.33	3.7			
		10	1.9	0.75	4.84	3.8			
		11.3	2.96	0.81	5.26	4			
				0.76	5.45		11.3	1.47	22.87-26.14

☑ 池深设计流量　☑ 池深与池长　刷新

图 6.6　程序运行结果

【例 6.2】 某水工钢梁截面的塑性弯曲承载力极限状态方程为

$$Z = fW - M \tag{6.1}$$

已知钢材的强度 f 服从对数正态分布，均值为 $\mu_f = 40\text{kN/m}^2$，变异系数为 $\sigma_f = 5.0\text{kN/m}^2$；梁截面抵抗矩 W 也服从对数正态分布，均值为 $\mu_W = 50\text{m}^3$，变异系数为 $\sigma_W = 2.5\text{m}^3$；弯矩 M 服从极值 I 型（极大值）分布，均值为 $\mu_M = 1000\text{kN}\cdot\text{m}$，变异系数为 $\sigma_M = 200\text{kN}\cdot\text{m}$。$f$ 与 W 间的相关系数为 0.4，f 与 M、W 与 M 间的相关系数均为 0。试采用一阶可靠度方法（FORM）计算该水工钢梁的可靠指标。

设计思路如下：

（1）控件设计。建立水工结构可靠度分析的 FORM 方法设计表（图 6.7），在表内输入参数分布类型、均值、标准差和相关系数矩阵。

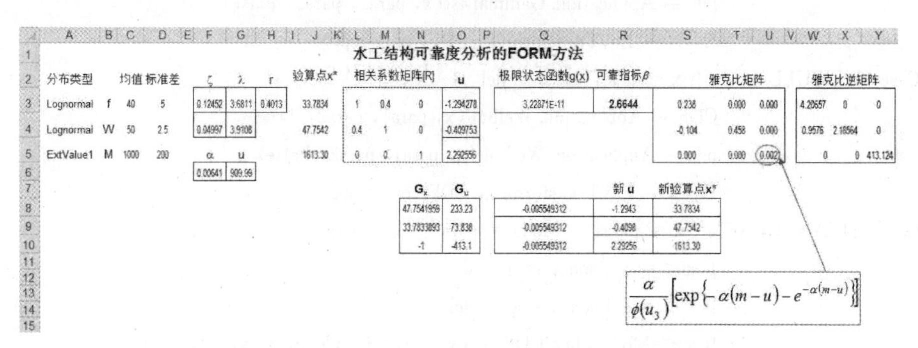

图 6.7　Excel 工作表界面设计及程序运行结果

（2）FORM 方法计算步骤。

1）初始验算点 $x*$ =（40，50，1000）。

2）复制新验算点的值（单元格 S7：S9）。

3）将新验算点的值选择性粘贴代替原验算点的 x^* 的值（单元格 J2：J4）。

4）重复执行步骤 2 和 3 直到验算点收敛。

5）获得验算点 $x*$ =（33.783，47.754，1613.30）及可靠指标 $\beta = 2.6644$。

（3）核心代码设计。

```
Function EqvN(DistributionName, paralist, x, code) '计算等效均值和标准差
del = 0.0001
para1 = paralist(1): para2 = paralist(2): para3 = paralist(3): para4 = paralist(4)
```

```
Select Case UCase(Trim(DistributionName))  'trim 用于将字母转换成大写字母
Case "NORMAL":      If code = 1 Then EqvN = para1
                    If code = 2 Then EqvN = para2
Case "LOGNORMAL":   If x < del Then x = del
                    lamda = Log(para1) - 0.5 * Log(1 + (para2 / para1) ^ 2)
                    If code = 1 Then EqvN = x * (1 - Log(x) + lamda)
                    If code = 2 Then EqvN = x * Sqr(Log(1 + (para2 / para1) ^ 2))
Case "EXTVALUE1":   alfa = 1.2825498302 / para2:  u = para1 - 0.5772 / alfa
          CDF = Exp(-Exp(-alfa * (x - u))):  pdf = alfa * Exp(-alfa * (x - u)) * CDF
                    EqvN = EqvTransform(x, CDF, pdf, code)
Case "EXPONENTIAL": b = para1:  If x < del Then x = del
                    CDF = 1 - Exp(-x / b):   pdf = 1 / b * Exp(-x / b)
                    EqvN = EqvTransform(x, CDF, pdf, code)
Case "UNIFORM":     min = para1:  max = para2
                    If x <= min Then x = min + del
                    If x >= max Then x = max - del
                    CDF = (x - min) / (max - min):  pdf = 1 / (max - min)
                    EqvN = EqvTransform(x, CDF, pdf, code)
Case "GAMMA":       If x < del Then x = del
                    CDF = Application.GammaDist(x, para1, para2, True)
                    pdf = Application.GammaDist(x, para1, para2, False)
                    EqvN = EqvTransform(x, CDF, pdf, code)
Case "WEIBULL":     If x < del Then x = del
                    CDF = Application.Weibull(x, para1, para2, True)
                    pdf = Application.Weibull(x, para1, para2, False)
                    EqvN = EqvTransform(x, CDF, pdf, code)
Case "TRIANGULAR":  a = para1:  Mode = para2:  c = para3
                    If x <= a Then x = a + del
                    If x >= c Then x = c - del
                    If x < Mode Then CDF = (x - a) ^ 2 / (Mode - a) / (c - a)
                    If x < Mode Then pdf = 2 * (x - a) / (Mode - a) / (c - a)
                    If x >= Mode Then CDF = 1 - (c - x) ^ 2 / (c - a) / (c - Mode)
                    If x >= Mode Then pdf = 2 * (c - x) / (c - a) / (c - Mode)
                    EqvN = EqvTransform(x, CDF, pdf, code)
Case "BETADIST":    a1 = para1:  a2 = para2:  min = para3:  max = para4
                    If x <= min Then x = min + del
                    If x >= max Then x = max - del
CDF = Application.BetaDist(x, a1, a2, min, max):  pdf = betapdf(x, a1, a2, min, max)
                    EqvN = EqvTransform(x, CDF, pdf, code)
Case "PERTDIST":    a = para1: Mode = para2: c = para3
                    If x <= a Then x = a + del
                    If x >= c Then x = c - del
```

```
                mean = (a + 4 * Mode + c) / 6
            If Mode = mean Then f = 6 Else f = (2 * Mode - a - c) / (Mode - mean)
                a1 =(mean - a) * f / (c - a): a2 = a1 * (c - mean) / (mean - a)
        CDF = Application.BetaDist(x, a1, a2, a, c):  pdf = betapdf(x, a1, a2, a, c)
                EqvN = EqvTransform(x, CDF, pdf, code)
End Select
End Function
Function EqvTransform(x, CDF, pdf, code)
delta = 10 ^ (-16)
If CDF < delta Then CDF = delta
If CDF > 1 - delta Then CDF = 1 - delta
EqvSigma = Application.NormDist(Application.NormSInv(CDF), 0, 1, False) / pdf
If code = 1 Then EqvTransform = x - EqvSigma * (Application.NormSInv(CDF))
If code = 2 Then EqvTransform = EqvSigma
End Function

Function betapdf(x, a1, a2, min, max) '计算 beta 分布的概率密度函数
With Application.WorksheetFunction
BetaFunc = Exp(.GammaLn(a1) + .GammaLn(a2) - .GammaLn(a1 + a2))
End With
betapdf = 1/BetaFunc * (x - min) ^ (a1 - 1) * (max - x) ^ (a2 - 1)/(max - min) ^ (a1 + a2 -1)
End Function


Function x_i(DistributionName, paralist, ni) As Double '等概率变换
para1 = paralist(1):   para2 = paralist(2):   para3 = paralist(3):   para4 = paralist(4)
With Application.WorksheetFunction
Select Case UCase(Trim(DistributionName))
  Case "NORMAL":        x_i = para1 + ni * para2
  Case "LOGNORMAL":     lamda = Log(para1) - 0.5 * Log(1 + (para2 / para1) ^ 2)
                        zeta = Sqr(Log(1 + (para2 / para1) ^ 2))
                        x_i = Exp(lamda + zeta * ni)
  Case "EXTVALUE1":     alfa = 1.28255 / para2:  u = para1 - 0.5772 / alfa
                        x_i = u - Log(-Log(.NormSDist(ni))) / alfa
  Case "EXPONENTIAL":   mean = para1:   x_i = -mean * Log(1 - .NormSDist(ni))
  Case "UNIFORM":       min = para1:  max = para2:
                       x_i = min + (max - min) * .NormSDist(ni)
  Case "TRIANGULAR":    a = para1:  m = para2:  c = para3
                        tem = .NormSDist(ni):  maca = (m - a) / (c - a)
    If tem <= maca Then
        x_i = a + Sqr(tem * (m - a) * (c - a))
    Else
        x_i = c - Sqr((1 - tem) * (c - a) * (c - m))
```

```
    End If
  Case "WEIBULL":      x_i = para2 * (-Log(1 - .NormSDist(ni))) ^ (1 / para1)
  Case "GAMMA":  xprev = para1 * para2
    For i = 1 To 100
     CDF = .GammaDist(xprev, para1, para2, True)
     pdf = .GammaDist(xprev, para1, para2, False)
     xnew = xprev - (CDF - .NormSDist(ni)) / pdf
     If Abs((xnew - xprev) / xprev) < 0.000001 Then Exit For
     If xnew <= 0 Then xnew = 0.5 * xprev
     xprev = xnew
    Next i:            x_i = xnew
  Case "BETADIST":   a1 = para1: a2 = para2: min = para3: max = para4:
                     xprev = min + (max - min) * a1 / (a1 + a2)
  8: For i = 1 To 100
     CDF = .BetaDist(xprev, a1, a2, min, max)
     BetaFunc = Exp(.GammaLn(a1) + .GammaLn(a2) - .GammaLn(a1 + a2))
     pdf = 1 / BetaFunc * (xprev - min) ^ (a1 - 1) * (max - xprev) ^ (a2 - 1) / (max - min) ^ (a1
+ a2 - 1)
     xnew = xprev - (CDF - .NormSDist(ni)) / pdf
     If Abs((xnew - xprev) / xprev) < 0.000001 Then Exit For
     If xnew <= min Then xnew = 0.5 * (min + xprev):  If xnew >= max Then xnew = 0.5 * (max
+ xprev)
     xprev = xnew
    Next i:           x_i = xnew
  Case "PERTDIST":     min = para1:   Mode = para2:  max = para3
                       mean = (min + 4 * Mode + max) / 6:   xprev = mean
    If Mode = mean Then f = 6 Else f = (2 * Mode - min - max) / (Mode - mean)
    a1 = (mean - min) * f / (max - min):   a2 = a1 * (max - mean) / (mean - min)
    GoTo 8
  End Select
 End With
 End Function
```

6.1.5 通过 VB 代码管理 Excel

先在菜单中选工程→引用…→Microsoft Excel 14.0 Object Library→确定，然后在窗体的通用_声明中定义 Excel 的 3 个对象（应用软件类 xlclass、工作簿类 xlBook、工作表类 xlSheet），一个简单例子代码如下：

```
'声明 xlclass 变量为 Excel 应用软件类
Dim xlclass As Excel.Application
'声明 xlBook 变量为工作簿类
Dim xlBook As Excel.Workbook
```

```
'声明 xlSheet 变量为工作表类
Dim xlSheet As Excel.Worksheet
'在 form_load 过程中打开 Excel 表格
Private Sub form_load()
  Set xlclass = CreateObject("Excel.Application")  '创建 Excel 应用类
  'xlCLASS.Visible = True      '设置 Excel 可见或不可见
  '为 Excel 工作簿赋值
  Set xlBook = xlclass.Workbooks.Open("D:\temp\ex2.xls")
  Set xlSheet = xlBook.Worksheets(1)    '为 Excel 工作表赋值
  xlSheet.Activate                      '激活工作表
End Sub
'处理 Excel 表格的代码
Private Sub Command1_Click()
  For i = 1 To 10
  If xlSheet.Cells(i, 1) >= 5 Then
  a = xlSheet.Cells(i, 1)
  Text1 = Text1 & a & vbCrLf
  End If
  Next
  For i = 1 To 10
  t = t + xlSheet.Cells(i, 1)
  Next
  Pic.Print "合计为:", t
  '关闭 Excel
  xlBook.RunAutoMacros (xlAutoClose)       '退出工作簿
  xlclass.Quit                             '关闭 Excel 软件
End Sub
```

6.2　对纯文本文件的管理

纯文本文件是由 RichTextBox 控件产生的、具有字符串信息类的文件。纯文本控件除具有对 RTF、TXT 类文件进行编辑、修改、处理字体、段落、打开和保存等功能外，还能够对数据类文件、图像类文件、VB 工程文件、类模块等文件进行处理。其使用简便，管理范围广，有一定的开发价值。要利用纯文本控件，应在工具箱的部件中，添加 ActiveX 控件→“Microsoft RichTextBox Controls 6.0”，并将其引入到用户窗体。

6.2.1　纯文本控件的属性

1. 字处理属性

纯文本控件对字处理的能力很强，涉及的属性也较多。例如 SelFontName 用于选定字体，SelFontSize 用于选定字号，SelBold 用于选定是否用粗体，SelColor 用于选定字体的颜色等。

需要指出的是，Sel属性与Word字处理器的操作很相似，即无论用户作何操作，必须要事先选定操作的对象。否则，系统将因无操作对象而失效。

纯文本控件的字处理属性，可以放在组合框中，而组合框通常放在工具栏内。在设置工具栏时，要用tbrPlaceHolder设占位符，并设置相应的宽度。同理，字号也应放于组合框中，并将组合框放于工具栏中。这样使用Form _ Load事件过程，可以将组合框的字体、字号设置功能装入。通常在Combo1中放字体，Combo2中放字号。以下是利用Combo的AddItem方法，装入字体、字号的代码：

```
Private Sub Form_Load()
  For i=0 to Screen. FontCount − 1
    Combo1. AddItem Screen. Fonts(i)
  Next
  For i = 1 to 72
    Combo2. AddItem i
  Next
End Sub
```

其中：Screen是系统的内部对象，FontCount方法用于对屏幕的字体数进行测试，屏幕字体总数由（0～FontCount-1）。

假设在窗体中已经引入RichTextBox控件（改名为：Rtb，下同），利用用户选择字体、字号时发生的Combo _ Click事件，可以完成对字体和字号的选择处理工作。

```
Private Sub Combo1_Click()
  Rtb. SelFontName = Combo1. Text
End Sub
Private Sub Combo2_Click()
  RTb. SelFontSize = Combo2. Text
End Sub
```

当然，用户也可以使用Windows的通用对话框，用ShowFont，ShowColor等来处理字体。

2. 格式化属性

纯文本控件的格式化属性，包括首行缩进、悬挂缩进以及段落处理等。缩进的尺度用ScaleMode设定。首行缩进使用SelIndent方法，悬挂缩进用SelHangingIndent方法确定。段落划分应先令SelBullet为True，再使用BulletIndent方法划分段落。若将纯文本控件Rtb的ScaleMode属性设为cm。如下面的代码：

```
Rtb. SelIndent = 1
使纯文本框的首行缩进1cm;
RTb. SelHangingIndent = 2
使纯文本框的悬挂缩进2cm。
```

3. 文件操作与管理属性

纯文本框具有获取文件路径\全名的 FileName 属性。利用这一属性，与 Windows 的通用对话框中的 ShowOpen、ShowSave 方法相配合，可以实现对 RTF 和 TXT 类文件的打开与保存。如下面的代码：

```
Cdl.ShowOpen
Rtb.FileName = Cdl.FileName
```

则将用户打开的文件，放于纯文本控件框中显示出来。

6.2.2 纯文本控件的方法

纯文本控件对文本类文件的打开、保存和打印等均很方便。

1. 打开文件

要打开文件，使用纯文本框的 LoadFile 方法更快捷。代码格式如下：

```
<纯文本控件名>.LoadFile<打开文件的驱\夹\全名>
```

其中：<打开文件的驱\夹\全名>可以是常量，也可以接受 ShowOpen 方法所得到的文件变量名。其作用是将选定的文件打开，并显示在纯文本框中。

2. 保存文件

要将纯文本控件框中的内容保存，可以使用纯文本控件的 SaveFile 方法。代码格式如下：

```
<纯文本控件名>.SaveFile<保存文件的驱\夹\全名>
```

这里的<保存文件的驱\夹\全名>可以是常量、变量。

3. 打印文件

要打印纯文本控件框中的文本，可使用纯文本控件的 SelPrint 方法，代码格式如下：

```
<纯文本控件名>.SelPrint Printer.hDC
```

hDC 是当前打印机的句柄。要使用和管理打印机，应将 Windows 的打印机通用对话框引入用户窗体，并采用以下打印机参数对打印机进行设置。

CdlPDReturnDC 表示打印机对话框中的备选打印机返回一个选择值。

CdlPDNoPageNums 表示打印机对话框中的当前打印机设置或返回“页数”单选钮的状态值。

SelLength 确定用户在纯文本框中选定的文本长度。

CdlPDAllPages 将打印机对话框中的当前打印机设置或返回“全部”单选钮的状态值。

CdlPDSelection 将打印机对话框中的当前打印机设置或返回“选择的范围”单选钮的状态值。

CdlPDReturnDefault 返回当前失效打印机的名称。打印机对话框见图 6.8。

4. 存放文件

纯文本控件框允许用户使用 OLEObjects 集合中的 Add 方法，在 VB 运行期间，

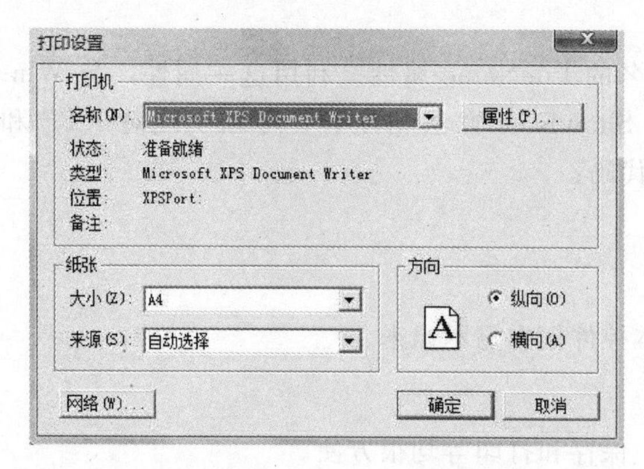

图 6.8　打印机对话框

将文件的图标放入框中，以方便用户的操作。其代码格式如下：

<纯文本控件名>.OLEObjects.Add，<要存放的驱\夹\文件全名>

放入纯文件中的文件图标可以通过双击打开。

6.2.3　纯文本控件的事件过程

纯文本控件的事件过程，包括单击（Click）、用户操作键盘（KeyDown、KeyPress、KeyUp）、鼠标动作（MouseDown、MouseUp）以及纯文本框中的文本发生变化（Change、SelChange）等。通常用户可以利用 SelChang 事件对工具栏中的按钮赋值。比如，在含有纯文本控件的窗体上引入 Toolbar1 工具栏和 ImageList1 图像列表控件，在工具栏中放入一个按钮（名为粗体），利用下列代码可以设置粗体按钮的当前值：

```
Private Sub Rtb_SelChange()
  Toolbar1.Buttons("粗体").Value=IIf(Rtb.SelBold, tbrPressed, tbrUnPressed)
  ……
End Sub
```

利用下列代码，可以获取粗体按钮的当前值：

```
Private Sub Toolbar1_ButtonClick (Byval Button as MSComCtlLib.Button)
  Select Case "粗体"
  Rtb.SelBold = Not Rtb.SelBold
  Toolbar1.Buttons("粗体").Value=IIf(Rtb.SelBold, tbrPressed, tbrUnpressed)
  ……
End Select
End Sub
```

【例 6.3】 在窗体 Form1 上，引入纯文本控件（名为 Rtb），引入 Toolbar（名为 Tb）和 ImageList（名为 ImageList1）及通用对话框（名为 Cdl），在工具栏中依次引入“打开、保存、打印、粗体、斜体、下划线”按钮以及字体、字号组合框，并在纯文本框中输入一些文字。试对上述按钮编码，以完成相应的纯文本管理工作。

设计思路如下：

（1）先将按钮放于工具栏中，再向其中放入两个组合框 Combo1 和 Combo2。

（2）代码编写如下：

```
Private Sub Rtb_SelChange()
  Tb.Buttons("粗体").Value = IIf(Rtb.SelBold, tbrPressed, tbrUnpressed)
  Tb.Button("斜体").Value = IIf(Rtb.SelItalic, tbrPressed, tbrUnpressed)
  Tb.Buttons("下划线").Value = IIf(Rtb.SelUnderline, tbrPressed, tbrVnpressed)
```

```
End Sub
Private Sub Tb_ButtonClick(ByVal Button As MSComctlLib. Button)
On Error Resume Next
Select Case Button. Key
Case "打开"
  Cdl. Filter = "RTF 文件| *. rtf|TXT 文件 | *. txt"
  Cdl. ShowOpen
  fn = Cdl. FileName
  Rtb. LoadFile fn
  Form1. Caption = fn          '将打开的文件放入纯文本框内
Case "保存"
  If Rtb. Text = "" Then
  MsgBox "无内容保存. "
  Exit Sub
  End If
  If fn = "" Then
  Cdl. Filter = "rtf 文件| * . rtf|txt 文件| * . txt"
  Cdl. ShowSave
  Rtb. SaveFile Cdl. FileName '将纯文本框中内容以用户选定的路径和文件名保存
  Else
  Rtb. SaveFile fn
  End If
Case "打印"
  If Rtb. Text = "" Then
  MsgBox "没有可打印的内容"
  Exit Sub
  End If
  Cdl. CancelError = True
  Cdl. Flags = cdlPDReturnDC + cdlPDNoPageNums
  If Rtb. SelLength = 0 Then
  Cdl. Flags = Cdl. Flags + cdlPDAllPages
  Else
  Cdl. Flags = Cdl. Flags + cdlPDSelection
  End If
  Cdl. ShowPrinter
  If Err <> MScomdlg. cdlCancel Then
  Rtb. SelPrint Printer. hDC
  End If
Case "粗体"
  Rtb. SelBold = Not Rtb. SelBold
  Tb. Buttons("粗体"). Value = IIf(Rtb. SelBold, tbrPressed, tbrUnpressed)
Case "斜体"
```

```
        Rtb.SelItalic = Not Rtb.SelItalic
        Tb.Buttons("斜体").Value = IIf(Rtb.SelItalic, tbrPressed, tbrUnpressed)
    Case "下划线"
        Rtb.SelUnderline = Not Rtb.SelUnderline
        Tb.Buttons("下划线").Value = IIf(Rtb.SelUnderline, tbrPressed, tbrUnpressed)
    End Select
End Sub
```

6.3　对数据库的创建与初级管理

数据库是由创建库文件的软件开发平台建立，具有大量数据、文本或图像的有序集合体。创建库文件的软件平台如 Access、Foxpro、dBase 等均为常见的数据库管理软件。

VB 具有丰富的数据库管理功能，它不仅提供了数据控件，使用户与数据库建立非常紧密的联系，而且还能使用可视化数据管理器，直接创建、打开或修改各种类型的数据库，即使是远程数据，也可实现全面的管理与操作。

6.3.1　创建数据库

要创建一个数据库，可以选菜单的“外接程序”→“可视化数据管理器…”→VB 的可视化数据管理器 VisData 窗口打开，见图 6.9。

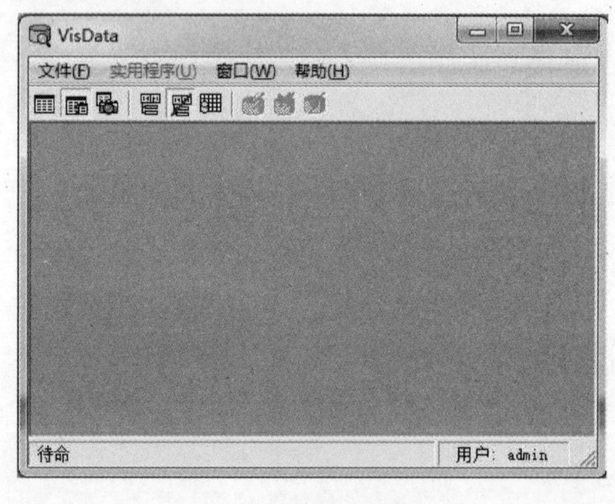

图 6.9　可视化数据窗口

利用可视化数据管理器，能实现对下列数据库的创建和管理：

(1) Microsoft Access 是 VB 默认的数据库，其生成的数据库文件为 *.MDB。

(2) dBase 生成的数据库文件为 *.DBF。

(3) Foxpro 生成的数据库文件为 *.DBF。

(4) Paradox 生成的数据库文件为 *.DB。

另外，例如 TextFiles 文本文件数据库、Excel 工作表、ODBC（Open DataBase Connectivity）库等均可纳入 VB 的管理范畴。

要熟练运用和管理上述这些数据库，需要学习和了解一些数据库基本知识，下面以 Access 7.0 版本的数据库为例，介绍一个数据库的创建方法。

1. 创建 Access 数据库

单击 Visdata 菜单中的“文件”→“新建…”→选择造库软件 Microsoft Access…→选 Version 7.0 MDB (7) …→选择要创建的数据库对话框打开→选择要存放数据库的路径→输入数据库的名称（如 Mysjk）→保存。

这样，一个由 Access 造库软件所创立的 *.MDB 数据库就已建立起来（现为空库）。单击保存后，用户的“数据库窗口”和“SQL 语句”窗口打开，见图 6.10。其中“数据库窗口”是用户数据库的资源管理窗口，而“SQL 语句”窗口是结构化查询语言（Structure Query Language）窗口。SQL 语言是数据库操作与查询的标准语言。

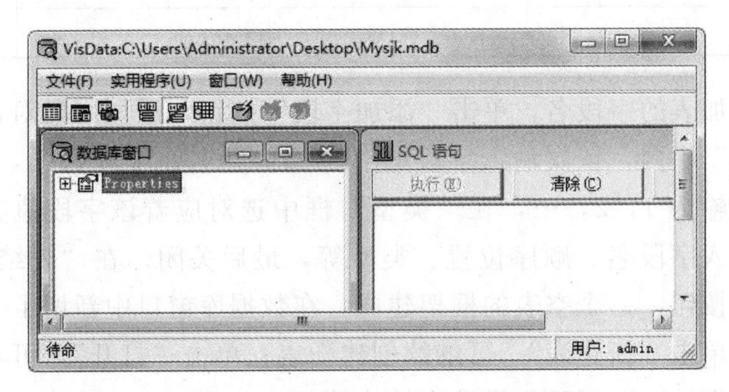

图 6.10 数据库窗口和 SQL 语句窗口

单击数据库窗口中 Properties 属性前的 ⊞ 符号，可以打开数据库的属性列表，要对其中的任一属性进行修改，可双击该属性。右击 Properties 属性，可对数据库进行“刷新列表”和“新建表”工作。

2. 创建数据库中的表结构

一个表的结构，是指该表的表头和表中数据项的标题。单击“新建表”，为数据库创建一个新的表，此时表结构对话框出现，见图 6.11。其中“表名称”即表格的表头标题，“字段列表”框中的字段，即字段（列数据）的标题。如以表 6.1 为例，表名称框中应输入：水电 0241 班考试成绩表，在字段 1 中输入：姓名，字段 2 中输入：工程数学……，“字段列表”框中的字段是通过“添加字段”按钮或“删除字段”按钮来编辑的。“索引列表”框是对字段建立的索引值，可通过单击“添加索引”按钮或“删除索引”按钮来编辑。

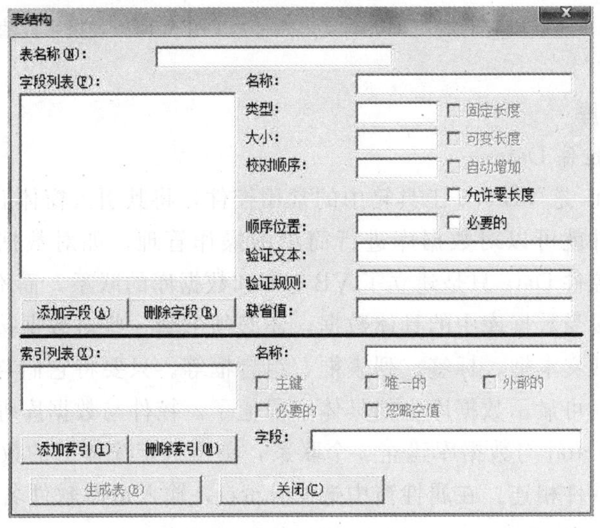

图 6.11 表结构对话框

表6.1　　　　水电0241班考试成绩表

姓名	工程数学	水力学	计算机应用	水文学
王一	90	75	63	70
张二	80	89	78	80
……				

现在开始添加表的字段名，单击“添加字段”按钮，添加字段对话框打开，见图6.12。在“名称”栏内，依次输入字段的名（如：姓名，工程数学，……），在“顺序位置”框依次输入1，2，…，在“类型”框中选对应着该字段值类型，最后单击确定。再重复输入字段名、顺序位置、类型等，最后关闭。在“表结构”对话框中，单击“生成表”按钮，一个空表的框架建成，在数据库窗口中新增了一个表。

右击该表，单击“新建表”，可继续创建新表；单击“打开”，可对空表输入具体字段值；单击“设计…”可重新设计表结构等。

3. 向表格输入数值

当用户单击“打开”后，“Dynaset：水电0241班的考试成绩表”打开，用户可单击“添加”按钮，依次输入具体姓名、具体成绩…。还可使用其他一些命令按钮，实现对字段值的编辑、删除、排序、过滤等工作，详见图6.13。

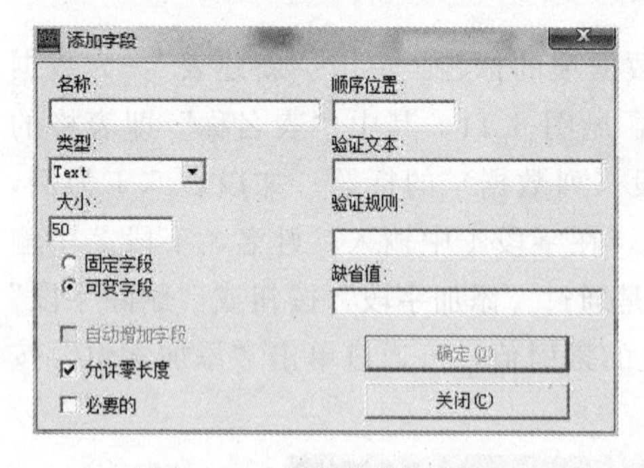

图6.12　添加字段对话框

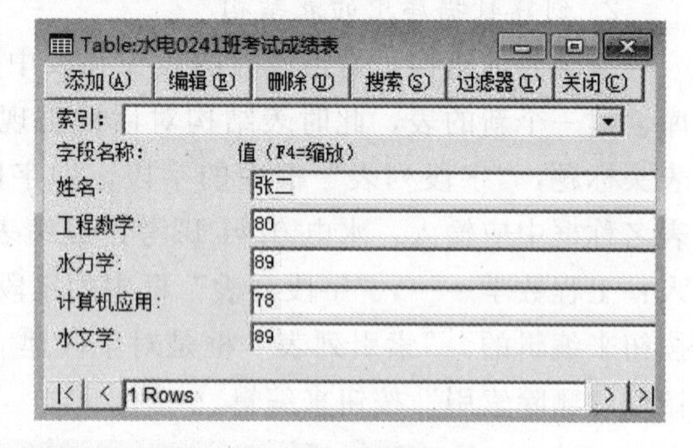

图6.13　表格字段值输入窗口

6.3.2 管理数据库

1. 使用数据控件Data

数据控件Data是VB 6.0工具箱中的常用控件，将其引入窗体后，利用数据控件配合其他一些控件就可以对数据库进行简单的操作管理。如对数据库的浏览、修改等。事实上数据控件Data只是建立了VB 6.0和数据库的联系，而不能显示数据库中的具体内容。要接受数据库中的具体数据，还必须配套一些对数据接收较为敏感的控件。这些控件包括文本框、标签、列表框、组合框等。只要将它们与数据库和数据控件绑定在一起，就可显示数据库中的具体字段值了。控件与数据库绑定方法如下：

将数据控件Datal与数据库建立3个联系，单击选定窗体上的数据按钮：

（1）与造库软件相连：在属性窗中选Connect，输入造库软件名，如Foxpro（系统默认为Access）。

(2) 与数据库相连：在属性窗中选 DataBaseName，单击“…”，在打开文件对话框中选定数据库名（如：Myacsjk），打开。

(3) 与库中的表相连：在属性窗中选 RecordSource，单击选定表名（如：水电0241 考试成绩表）。

引入其他数据绑定控件，将其他控件引入窗体，并与数据库和数据控件建立联系。例如引入 Text1 显示姓名，Text2 显示计算机应用成绩。则建立下列联系：

(1) 在 Text1、Text2 的 DataSource 属性中选 Datal。

(2) 在 Text1、Text2 的 DataField 属性中分别输入对应的字段名（如姓名和计算机应用）。

若要修改数据库，将 Datal 的 ReadOnly 设为 False，若只提供浏览，则设为 True。这样，数据控件 Datal 及其附属控件就与造库文件、数据库、数据库中的表、表中的字段建立了必须的联系。

【例 6.4】 用 Access 建立一个数据库（名为 Myacsjk），库中建一个表，见表 6.7。表名称为“水电 0241 班考试成绩表”，该表有五个字段，字段标题依次为：姓名、工程数学、水力学、计算机应用、水文学。各字段的具体数据略。试在窗体 Forml 上建 Text1～5 和 Label1～5（依次改名为：姓名，…，水文学），建一个 Data1，将其标题改为成绩查询。试建立上述控件并运行，对数据库进行浏览、修改。

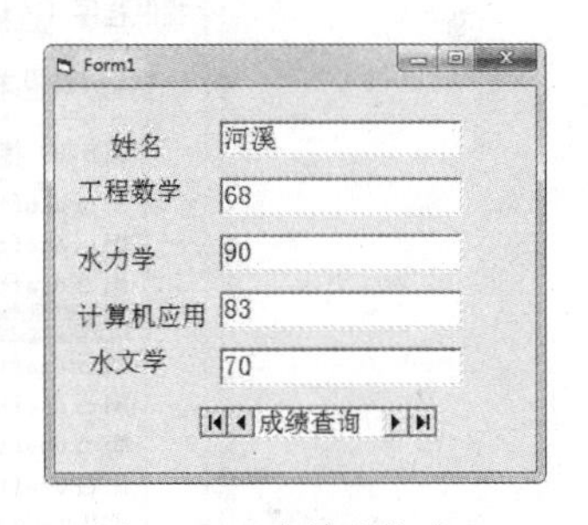

图 6.14 成绩查询窗口

依题意建立数据库，数据控件及绑定控件，经属性设置后，窗体的运行效果如图 6.14 所示。不难发现，不需要编写复杂的代码，只需利用 VB 6.0 的控件就能进行简单的数据库管理了。

2. 使用数据控件 ADO

数据控件 ADO 是 Active X 控件，它比数据控件 Data 的能力强许多。只要符合 OLE DB 的各种本机和远程数据均能快速与之连接。同理 ADO 控件并不显示数据，可用 DataGrid 数据网络控件与之配套显示。要使用 ADO 控件和 DataGrid 控件，应在部件中，添加“Microsoft ADO Data Control 6.0 (OLEDB)”和“Microsoft DataGrid Control 6.0 (OLEDB)”，并分别引入窗体。其默认名为 ADObcl 和 DataGrid1。

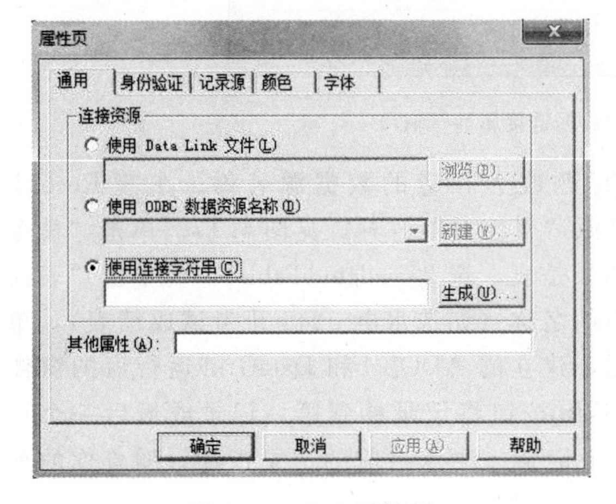

图 6.15 ADO 属性页

设置 ADObc1 的方法是：右击 ADObcl，选 ADODC 属性，属性页打开，见图 6.15。它的 3 种“连接资源”方式如下：

(1) 使用Data Link文件：单击其单选按钮，“浏览…”按钮有效，单击后“选择数据链接文件”对话框打开，用户选定文件名，打开。

(2) 使用ODBC数据资源名称：单击其单选按钮，单击ODBC数据资源名称下拉按钮，选中其中不同类型的数据库文件，或单击“新建…”按钮，建立一个新的数据库。

(3) 使用连接字符串，单击“生成…”按钮，“数据链接属性”页打开，见图6.16。先选“提供程序”卡片，选择OLE DB提供者，对于Access数据库，可选Microsoft Jet 3.51或4.0，其他的数据源，可选对应的提供者，再单击“下一步（N）>>”按钮，“连接”卡打开，在“选择或输入数据库名称”的“…”按钮上单击，“选择Access数据库”对话框打开，选定文件名，打开。再点击“测试连接”按钮，可得到连接是否成功的提示。若成功，单击“确定”按钮，关闭属性页对话框。

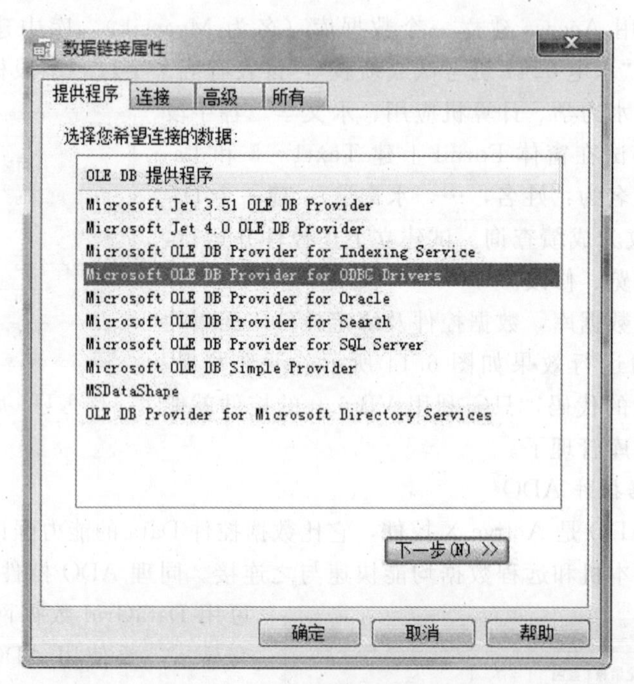

图6.16 “数据链接属性”窗口

再选ADObc1的属性窗，将其标题改为相应的数据源名称；在其Record-Source属性单击“…”按钮，其记录源“属性页”打开，见图6.17。单击“命令类型”下拉钮，选定相应的类型（如果是表，选2－adcmdTable），再单击“表或存贮过程名称”下拉按钮，选定相应的名称（如选水电0241班考试成绩表），单击“确定”按钮。按［例6.4］题意，建立的ADObcl和DataGrid运行后的窗体见图6.18。运行过程中可以使用⏮或⏭按钮将记录移到第一记录或最后一个记录。用◀或▶前移一个记录或后移一个记录。注意当前的记录指计，随着你的单击在不断地移动。

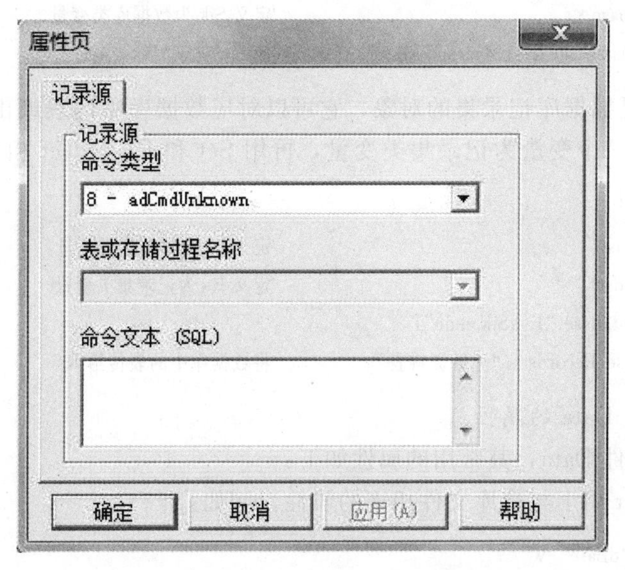

图 6.17 “记录属性页”对话框

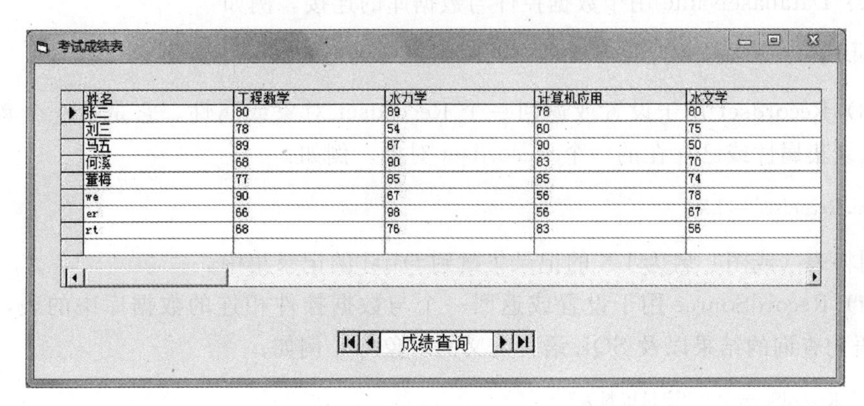

姓名	工程数学	水力学	计算机应用	水文学
张二	80	89	78	80
刘三	78	54	60	75
马五	89	67	90	50
何溪	68	90	83	70
董梅	77	85	85	74
we	90	67	56	78
er	66	98	56	67
rt	68	76	83	56

图 6.18 ADO 和 DataGrid 控件窗口

6.4 对数据库的高级管理

6.3 节所介绍的数据库创建和利用数据控件对数据库的初级管理，只是 VB 6.0 对数据库管理的冰山一角。如果能掌握 VB 6.0 对数据库管理的代码，配合 SQL 查询语言，则将在真正意义上实现对数据库的全面管理。

6.4.1 数据控件的对象、属性与方法

1. 数据控件的对象

利用代码管理数据库以及记录等，可以使用数据控件的对象，即 Database 和 Recordset。Database 对象是数据库对象。在代码中，可定义一个变量为 Database 类型，然后用 Set 和 OpenDatabase 相配合，将一个实际的数据库赋给数据库类变量。如下列代码：

```
Dim Sjk As Database                          '定义 Sjk 为数据库类变量。
Set Sjk = OpenDatabase("E:\Myacsjk. MDB")    '使 Sjk 获取实际数据库
```

Recordset 是数据库记录集的对象，它可以对应数据库中的表或由 SQL 查询的结果。同理可以令一个变量为记录集类变量，再用 Set 和 Recordset 相结合为该变量赋值。如下列代码：

```
Dim Bs As Database                           '定义 Bs 为数据库类变量
Dim Rs As Recordset                          '定义 Rs 为记录集类变量
Set Bs = OpenDatabase("E:\Sjk. mdb")
Set Rs = Database. Recordset("流量资料表")     '将数据库中的表传给 Rs
```

2. 数据控件 Data 的属性

对于数据控件 Data，其常用的属性如下：

（1）Connect 用于与造库文件相连的属性。例如：

```
Datal. Connect="dBase   V"
```

（2）DatabaseName 用于数据控件与数据库的连接。例如：

```
Datal. DatabaseName="C:\MydB. DBF"
```

（3）Recordset 用于设置或返回一个 Recordset 对象或属性。它是指一个数据控件的记录集属性或已存在的一个 Recordset 对象。例如：

```
Datal. Recordset = LX
```

则将表（或图）名为 LX 的记录集赋到 Datal 的记录集中。

（4）RecordSource 用于设置或返回一个与数据控件相连的数据库中的表，或由 SQL 语句查询的结果以及 SQL 语言定义的对象等。例如：

```
Datal. RecordSource = "流量资料表"
```

该表必须是已经指定的数据库中的一个表（或图）名称。

（5）ReadOnly 用于设置或返回与数据控件相连的数据库是否可编辑，True 只供浏览，False 可浏览可编辑。

（6）Exclusive 用于设置或返回一个值，指出已打开的数据库是否供单用户访问。为 True 时，只供单用户，此时其他任何人无法进入这个已打开的数据库（或表）。当为 False（默认）时，提供多用户的同时访问。

（7）RecordsetType 用于设置或返回一个记录的类型值。对于 Access 造库文件形成的 *. MDB 文件，应使用 Table 型；如果同时还在使用其他类型的数据库，则应使用 Dynaset 型；如果只读而不修改数据库表中的数值，则应使用快照集类型，即 Snapshot 型，其显示速度最快。

（8）BoFAction 和 EoFAction，BoFAction =0 时，记录指针放到记录集的第一个记录上；BoFAction =1 时，记录指计放到记录集的第一个记录之前。EoFAction =0 时，记录指针放于记录集的最后一个记录上；EoFAction =1 时，记录指针放于记录集的最后一个记录之后；EoFAction =2 时，在记录集的最后一个记录之后加一个空记录，并移动记录指针到该记录，准备向数据库写入新记录。

3. 数据控件 ADO 的常用属性

ADO 控件的常用属性如下：

(1) ConnectionTimeout 用于数据源连接的超时设定。系统默认的连接时间为 15s，超过则返回超时信息。

(2) ConnectionString 用于设置数据源的提供支持软件。包括 4 个参数，即 OLE DB 的提供者（选 Provide 的支持文件）、数据源的文件名 Filename、远程客户端所用的数据源名称 RemoteProvide 和远程主机端所用的数据库名称 RemoteServer。另外，比如 BoFAction、EoFAction、RecordSource、RecordSet 等也都是 ADO 数据控件的常用属性且与 Data 控件的属性相同。

4. 数据控件 Data 的方法

对于数据控件 Data，其常用方法如下：

(1) Refresh。该方法有两种：一是当多用户访问同一数据库时，使用 Datal. Refresh，可使所有用户共享该数据库；二是当 VB 运行时，若数据库被改变，则须使用 Refresh 激活这些变化。

(2) UpdateControls。该方法可以将数据库中的数据重新读到与数据控件相连的绑定控件中。使用该方法可终止用户将绑定控件内的值传给数据库。

(3) UpdateRecord。该方法可强制数据控件将绑定控件内的数据写入数据库中。利用这种方法，可以直接利用 VB 界面，快速建立或修改数据库。

(4) RecordSet。该方法可直接用于数据库表中的字段值读取、指针移动、增删字段等，它是用户对数据库管理的主要方法。具体使用方法如下：

1) Fields()用于设置或读取记录集中的字段值。对于 Access 数据库，其 0 字段的值是第一个字段值。例如：

```
K=Datal. RecordSet. Fields(3)
```

则将数据控件记录集中某记录中的第 4 字段的数据赋给变量 K。这里还应强调，字段是一个数据，由若干字段构成一个记录，由记录构成记录集。

2) AddNew 将一个新字段值读入内存，再使用 Update 方法，将字段值从内存传给数据库表中的相应字段上。

3) Edit 允许对当前字段值读入内存，再使用 Update 方法，可以将该字段的修改由内存传给数据库表中的相应字段上。

4) Delete 删除当前字段的值。

5) Update 将当前内存中的数据写到数据库文件中。以保存对数据库文件的实际修改。Update 方法，应与 AddNew 或 Edit 方法配套使用。

6) Move 用于记录指针的移动。要对任一记录进行操作，必须先将记录指针指向该记录。移动记录指针的方法如下：

MoveFirst 将记录指针移到第一个记录上。

MoveNext 将记录指针移到下一个记录上。

MoveLast 将记录指针移到最后一个记录上。

MovePrevious 将记录指针移到前一个记录上。

Move ＜相对记录值 n＞ 将记录指针移到＜相对记录值 n＞所指定的记录上。这里的相对记录是指与当前记录相比，所以 n 值可正可负。例如：

Move -1 是指将当前记录的指针退后一个记录。

7）Close 用于关闭数据库或记录集。为防止操作错误，当数据库或记录集使用完毕后，应及时关闭。

【例 6.5】 在窗体上建立下列控件，用于对［例 6.4］中的数据库进行浏览和编辑，见图 6.19。将 Datal 的 Visible 设为 False，试对以上要求进行编码设计。

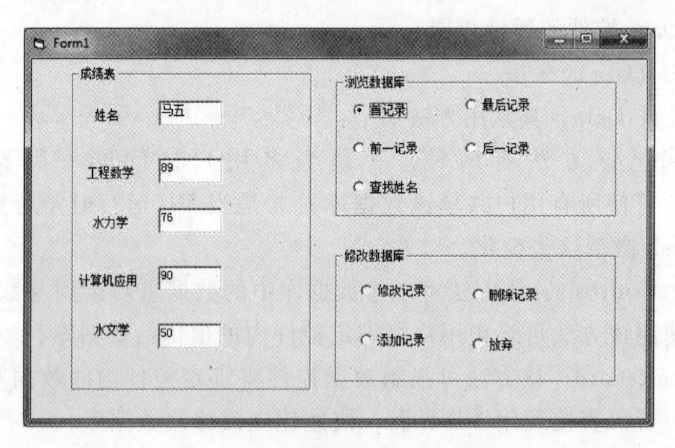

图 6.19 数据库的浏览与编辑

（1）控件设计。先将 Datal 与数据库建立 3 个联系，将 Textl～4 与 Datal 分别建立两个联系，再使用 Optionl～9 的 Click 事件，分别达到浏览和编辑的目的。

（2）代码设计。

```
Private Sub Option1_Click()                    '首记录
  Datal. Recordset. MoveFirst
  Option1 = False
End Sub
Private Sub Option2_Click()                    '最后记录
  Datal. Recordset. MoveLast
  Option2 = False
End Sub
Private Sub Option3_Click()                    '前一记录
  If Data1. Recordset. BOF Then
  Datal. Recordset. MoveFirst
  MsgBox "已是最前一个记录"
  Exit Sub
  End If
  Datal. Recordset. MovePrevious
```

```
  Option3 = False
End Sub
Private Sub Option4_Click()                         '后一记录
  If Data1. Recordset. EOF Then
  Data1. Recordset. MoveLast
  MsgBox "已是最后一个记录"
  Exit Sub
  End If
  Data1. Recordset. MoveNext
  Option4 = False
End Sub
Private Sub Option5_Click()                          '查找姓名
  cz = InputBox("请输入姓名", " ")
  '以下的 FindFirst 是记录集的方法,查找的字串前后要有"''"
  DatalRecordset. FindFirst "姓名='" & cz & "'"
  '以下的 NoMatch(无匹配)是记录集的方法,意思是若无匹配数据的话,则…
  If Data1. Recordset. NoMatch Then
  MsgBox "本数据库无此同学!"
  End If
  Option5 = False
End Sub
Private Sub Option6_Click()                              '修改记录
  On Error Resume Next
  If Option6 = True Then
  Option6. ForeColor = vbRed
  Option6. Caption = "确认修改"
  Data1. Recordset. Edit
  Else
  Option6. ForeColor = vbBlack
  Option6. Caption = "修改记录"
  Data1. Recordset. Updata
  End If
  Option6. Value = False
End Sub
Private Sub Option7_Click()                              '删除记录
  On Error Resume Next
  ts = "你真的要删除吗?"
  sc = MsgBox(ts, vbOKCancel + vbExclamation)
  If sc = 1 Then
  Data1. Recordset. Delete
  Data1. Recordset. MoveNext
  End If
```

```
    Option7. Value = False
  End Sub
  Private Sub Option8_Click()                 '添加记录
    On Error Resume Next
    ts = "你真的要添加吗?"
    tj = MsgBox(ts, vbOKCancel + vbExclamation)
    If tj = 1 Then
    Datal. Recordset. MoveLast
    Option8. ForeColor = vbRed
    Option8. Caption = "确认添加"
    Data1. Recordset. AddNew
    Textl. SetFocus
    Else
    Option8. ForeColor = vbBlack
    Option8. Caption = "添加记录"
    Datal. Recordset. Updata
    Datal. Recordset. MoveNext
    End If
    Option8. Value = False
  End Sub
  Private Sub Option9_Click()                          '放弃,数据返回控件
    Datal. UpdateControls
    Datal. Recordset. MoveNext
    Option9. Value = False
    Option6. ForeColor = vbBlack
    Option7. ForeColor = vbBlack
    Option8. ForeColor = vbBlack
  End Sub
```

实际上，VB 6.0 对数据库的管理，不仅可对表中的任一记录进行管理，即便进行字段管理也是很方便的。下面就是字段管理的一个范例。

【例 6.6】 在［例 6.4］的数据库中，新建一个表，表名是“水位-流量表”，字段名分别为水位、闸门开度值，其对应的字段值自定（本例要求水位>300m）。试从数据库中读取水位、闸门开度值，并进行溢洪道有闸制下的闸孔泄流量计算。

泄流量（m^3/s）计算公式为

$$Q = \mu b e \sqrt{2 g H_0} \tag{6.2}$$

式中：b 为闸孔面积，$b = 5\times5\ m^2$；μ 为平板闸门流量系数，$\mu = 0.6 - 0.18e/H_0$；e 为闸门开度；H_0为堰上水深；D 为堰顶高程，$D = 300$ m。

设计思路如下：

(1) 控件设计。在数据库中新建一个表，在窗体上引入 Datal，在 Form _ Load 过程中装入数据库及库中的表，建一个图片框（Pic）和一个命令钮（Command1）。

（2）代码设计。先将数据库中的表从头至尾读一遍，以便得到其记录的总数（由记录集方法中的 Recordcount 获得），然后定义动态数组，读取各字段值。具体代码如下：

```
Private Sub Command1_Click0()
  Dim sw(), kd()
  Datal. Recordset. MoveLast              '将记录指针移到最后一个记录上
  Datal. Recordset. MoveFirst             '将记录指针移到最前一个记录上
  n = Datal. Recordset. RecordCount       '获取数据库中记录集的记录总数
  ReDim sw(n), kd(n)
  For i = 1 To n
    sw(i) = Datal. Recordet. Fields(0)    '将第一字段中的值放于 sw(i)中
    kd(i) = Datal. Recordset. Fields(l)   '将第二字段中的值放于 kd(i)中
    Datal. Recordset. MoveNext
  Next
  ydgc = 300: b = 5 * 5
  Pic. Print "堰上水深(m) 闸门开度(m)  泄流量(m3/s)"
  For i = 1 To n
  h0 = sw(i) - ydgc
  μ = 0.6 - 0.18 * kd(i) / h0
  q = μ * b * Sqr(2 * 9.8 * h0)
  Pic. Print h0, kd(i), Int(q)
  Next
End Sub
Private Sub Form_Load() '用 Form_Load 装入数据库及库中的表
Datal. DatabaseName = "D:\ProgramFiles\Microsoft Visual Studio\VB98\myacsjk. mdb"
Datal. RecordSource = "水位-流量表"
End Sub
```

6.4.2 使用 SQL 语句查询

SQL 常用下列语句对数据库中的表或图或字串等进行查询。

1. 条件表达式

由常量，字段名或字段索引值，逻辑运算符（AND、NOT、OR）和关系比较符（<、<=、=、>、>=、<>、Between、Link、In）等组成，SQL 的查询，主要是以这些条件为判断依据。

2. 查询语句

查询格式如下：

Select<查询字段序列表>Form<图表序列表> [Where<条件式>] [Order By <字段名> [<排序>]

其中：<查询字段序列表>，包括单个字段名，用逗号分隔多个字段名或通配符“*”，<图、表序列表>指数据库中的基本图名或表名或用逗号分隔的多个图或表名；Order By 后的＜字段名＞是指要排序的字段，＜排序＞中有两个参数：ASC 或 DESC31，ASC 按升序排列字段（默认），DESC31 按降序排列字段，并且这里的字段，必须是查询字段名中的一个。如下：

Datal. Recordset ="Select * From 水位－流量表"

表示查询"水位-流量表"中的所有字段。

Datal. Recordset ＝"Select 姓名，计算机应用 From 水电 0241 班考试成绩表"

表示从水电 0241 班考试成绩表中，查询同学的姓名及计算机应用考试成绩。

Datal. Recordset ＝"Select 姓名，水力学 From 水电 0241 班考试成绩表 Where 水力学＞＝'90' Order by 水力学"

表示查询水力学成绩不小于 90 分的同学姓名及其成绩，这里的字段值 90 是常量，必须用单引号，按水力学成绩升序排列。

Datal. Recordset ＝"Select Lxl. *，Lx2. * Into Lx3 From Lxl，Lx2 Where Lx1. name＝ Lx2. name"

表示从 Lx1 和 Lx2 的表中，找出其 name 相同的字段，组成一个新的表 Lx3。这里的 Into 是关键字。

第 7 章

复习题

7.1 思 考 题

1. 工程资源管理器有哪些作用?
2. 怎样利用工程资源管理器选择不同的窗体窗口和代码窗口?
3. 怎样利用属性窗口为控件赋值?
4. 工具箱中的控件和工具栏中的控件使用和作用有何不同?
5. 怎样实现对新建工程的首次保存?
6. 怎样实现对已建工程的多次保存?
7. 在内存中已有不用的工程情况下，如何建立新的工程?
8. 怎样打开或关闭工具箱、工具栏、工程资源管理器和属性窗口?
9. 选定窗体上的某控件后，VB 窗口有什么反应?
10. VB 文件 *.frm、 *.vbp、 *.bas 分别代表何意?
11. 如何建立一个新的工程?
12. VB 有几种模式（指设计模式…)?
13. 要为某控件设计代码，有几种打开代码窗口的方法?
14. 对象的属性、名称、标题分别代表何意?
15. 工具箱中常用的标准控件有哪些?
16. 如何中断 VB 的死循环?
17. 如何对文本框 Text1 作下列赋值操作（包括使用属性窗口及代码):

(1) 使 Text1 的文本属性为“我的文档”。
(2) 使 Text1 中输入的文本能接受回车与换行。
(3) 使 Text1 具有上下、左右滚动的功能。
(4) 使 Text1 具有焦点。
(5) 使 Text1 框不可见。
(6) 禁止向 Text1 中写任何信息。
(7) 使 Text1 中输入的信息为密码。
(8) 将 Text1 中输出的字串型数据变为真实数据。
(9) 将真实数据变为字串型数据赋给 Text1。

18. 组合框有何作用? 如何建立如图 7.1 所示组合框? 试简述建立方法。

19. 定义下列变量：

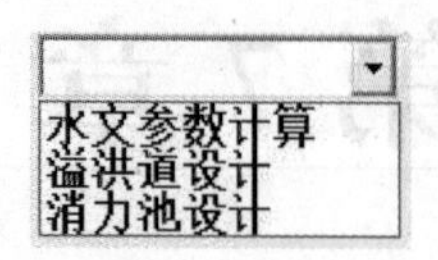

图 7.1　组合框

（1）X 为全局整型变量。

（2）$XZ(10)$为局部静态数组。

（3）XC 为窗体级全局可变型数组。

（4）x、y 和 z 均为局部字串型变量。

（5）*sd* 为局部变量，其值为 2。

（6）*ss* 是局部字节型动态变量。

20. 用代码为下列对象赋值：

（1）将 Label1 的标题为“流量计算”。

（2）使 Form2 上的所有控件失效。

（3）按 Form1 关闭，再将 Form2 显示出来。

（4）将时钟 Timer1 的时间隔设为1000。

（5）将 D:\color\watch. bmp 装入图片框 Picture3 中。

（6）将组合框（名为 zhk）的文本属性设为“土坝设计”。

（7）使复选框 Check2 中有勾。

（8）使单选框 Option3 不可见。

（9）在 Picture2 中打印 as，在第 10 字符位打印 bs。

21. 建立一个消息框：正文为“调用 Word 文件吗?”，提示为“操作提示”，控制串为“VBYesNoCancel”。

22. 标签框控件的标题和文本框控件显示文本的对齐方式由 WordWrap、AutoSize、Aligment、Style 中的哪个属性来决定?

23. Text、Caption、Left、Name 哪个属性用来表示标签（Label）的内容和窗体（Form）的标题。

24 在 VB 中程序注释可以加在哪个符号“’、/、:、!”之后?

25. 要使文本框显示滚动条，需先设置 AutoSize、Multiline、Aligment、Scrollbars 哪个属性?

26. 程序中应用某控件时，应使用该控件的 Caption、名称、Title、Top 的哪个属性?

27. 一输入框的标题为“输入”，正文为“输入初始值”，写出将字符串型数值转化为数值赋给变量 Y 的代码。

28. 一输入框的标题为“输入”，正文为“输入控制符”，写出将字符串赋给变量 Y 的代码。

29. 试举例说明 Case 的表达式有哪些形式?

30. 用 Do－Loop 结构，编写 $1+2+\cdots+n$ 的代码。

31. 写出当 $u\geqslant 10$ 时，$y=u\times e^5$，反之 $y=u$ 的 IIF 判断式。

32. 根据 i 的值，选择四个同学姓名的表达式怎么写?

33. 数组 $x(1, 2)$和 $x(k, j)$是什么类型?

34. 打开顺序文件有哪几种格式?

35. 顺序文件如何区分字段和记录？
36. Lof()和 Eof()有什么区别？
37. 何谓静、动态数组？
38. Redim Preserve x(k)代表何意？
39. 试叙述二分法的数学依据。
40. 如何用插值法计算水库的水位 Z -库容 V -流量 Q？
41. 试描述工程-模块-过程三者的关系。
42. VB 的过程有哪些？
43. 在过程和调用过程中，形参和实参有何关系？
44. 试说明传值和传址的区别。
45. 过程 Public Sub＜过程名＞(形参序列表)，应写在模块中还是窗体声明中？
46. XS()为局部单精度数组，再重新定义其有两行三列。
47. 定义子过程名为 SX 的静态子过程，待调形参 LL 为单精度，按地址调用。
48. 定义子过程名为 SX 的静态子过程，待调形参 LL 为单精度，按值调用。
49. 常用控件中有哪些控件可以接受图形？
50. 在 Pic 图片框中画一条竖线、横线和半圆的代码分别是什么？
51. 在菜单编辑器中，任一菜单有哪些可选属性？哪些必选属性？
52. 要在文本框 Text 中弹出快捷菜单（顶级名：KJ），其代码如何编写？
53. 如何确定 Form2 为启动窗体？
54. 怎样将纯文本框中的内容打印出来？
55. ADO 控件和 DataGrid 控件的中文名叫什么？
56. 怎样使数据指针前移和后移一个记录？
57. 如何从数据库的表（名：水利工程系）中查找名为马莉的同学？
58. 如何从数据库的表（名：水利 171 班）中查找全班同学的考试成绩？
59. 要使用数字视频，应如何设多媒体控件的设备属性？
60. 控件的 GotFocus 和 LostFocus 分别表示什么意思？

7.2　选　择　题

1. 以下 4 个选项中，属性窗口未包含的是（　　）。

A. 对象列表	B. 工具箱
C. 属性列表	D. 信息栏

2. VB 与传统 DOS 下的 Basic 相比，最大的优点在于（　　）。

A. 运用面向对象的观念	B. 由代码和数据组成
C. 使用了 HTML 语言	D. 强调了对功能的模块化

3. 下列不属于对象的基本特征的是（　　）。

A. 属性	B. 方法
C. 事件	D. 函数

4. 改变控件在窗体中的上下位置应修改该软件的（　　）。

A. Top　　B. Left

C. Width　　D. Height

5. 窗体模块的扩展名为（　　）。

A. . exe　　B. . bas

C. . frx　　D. . frm

6. 窗体的 FontName 属性的默认值是（　　）。

A. 宋体　　B. 仿宋体

C. 楷体　　D. 黑体

7. 将 VB 编制的程序保存在磁盘上，至少会产生何种文件（　　）。

A. . doc 与 . txt　　B. . com 与 . exe

C. . bat 与 . frm　　D. . vbp 与 . frm

8. 以下哪组数组声明语句里声明了 20 个数组元素（　　）。

A. Dim a(2，10)As String

B. Dim a(4，5)As String

C. Dim a(－2 to 2，－3 to 0)

D. Dim a(0 to 1，9)As String

9. 打开一个新的顺序文件“secnew. txt”的正确语句是（　　）。

A. Open“secnew. txt” For Write As ＃1

B. Open“secnew. txt” For Output As ＃1

C. Open“secnew. txt” For Binary As ＃1

D. Open“secnew. txt” For Random As ＃1

10. 用 If 语句表示分段函数 $F(x)=\begin{cases}\sqrt{x^3+1}, x \geqslant 0 \\ \sqrt{1-x^3}, x<0\end{cases}$ 以下哪种表示方法不正确？

A. f＝Sqr(1－x^3)　　If x＞＝0 Then f＝Sqr(1＋x^3)

B. If x＞＝0　　Then f＝Sqr(1＋x^3)

　If x＜0　　Then f＝Sqr(1－x^3)

C. If x＞＝0　　Then f＝Sqr(1＋x^3)　　f＝Sqr(1－x^3)

D. If x＜0　　Then f＝Sqr(1－x^3)　　Else f＝Sqr(1＋x^3)

11. 如下数组声明语句正确的是（　　）。

A. Dim A(5 6) As Integer

B. Dim A(n n) As Integer

C. Dim A(5，6) As Integer

D. Dim A[5，6] As Integer

12. 下面定义 4 个数组中，元素最多的数组是（　　）。

A. Dim A(1 To 18) As Integer

B. DimA(2 To 4，－2 To 3) As Integer

C. Dim A(1，2，3) As Integer

D. Option Base l：Dim A (18) As Integer

13. 要分配存放如下方阵的数据，正确且最节约存储空间的数组声明语句是（　　）。

1.1　2.2　3.3

4.4　5.5　6.6

A. Dim a(6) As Single

B. Dim a(2，3) As Single

C. Dim a(2 To 3，－3 To －1) As Single

D. Dim a(1，2) As Integer

14. 下面子过程语句合法的是（　　）。

A. Funtion Fun% (Fun%)

B. Sub Fun(m%) As Integer

C. Sub Fun(ByVal m%())

D. Funtion Fun (ByVal m%)

15. 下列代码哪个 Sub 过程调用正确（　　）。

A. Call L+L(a)　(L 为 Sub 过程名，下同)

B. Call L(a)

C. Call Sub L(a)

D. Command1_L (a)

7.3 填 空 题

1. 语句“Dim C As ________”定义的变量 C 可用于存放控件的 Caption。

2. 用 DimX(2 to 5)As Integer 语句定义的数组占用________个字节的内存空间。

3. 长整型变量（Long 类型）占用________个字节。

4. 在数值常数后加标志符“________”，隐含表示单精度浮点数。

5. 表达式 Right(String(65，Asc("abc"))，3)的值是________。

6. 表达式 2 * 4^3＋4 * 6/3＋3^2 的值是________。

7. 表达式 16/2－2^3 * 7Mod9 的值是________。

8. 表达式 81 \ 7Mod2^2 的值是________。

9. 已知 Ch $ ＝“1234”，Val (“&H” ＋ Left $ (Ch $ ，Len (Ch $)/2)) 的值是________。

10. 语句 Print Not 10>15 And 8 <5+2 的输出结果为________。

11. 设 x 为一个两位数，将其个位和十位数交换后所得两位数 VB 表达式是________。

12. 用随机函数产生一个两位数的整数的 VB 表达式是________。

13. 求 a 与 b 之积除以 c 的余数，用 VB 表达式可表示为________。

14. 算术式 $\frac{-b+\sqrt{b^2-4ac}}{2a}$ 写成VB表达式为________。

15. 算术式 $\ln x+\sin 30^\circ$ 的VB表达式为________。

16. 算术式 $[2\tan(x)+e^{-5}]\ln x$ 的VB表达式是________。

17. 声明单精度常量PI代表3.1415926的语句是________。

18. VB中的变量按其作用域分为________、________、________。

19. #20/5/01#表示________类型常量。

20. 设 i 为大于0的实数，写出大于 i 的最小整数的表达式________。

21. 选中复选框控件时，Value属性的值为________。

22. 若要在同一窗体中安排两组单选框（OptionButton）可用________控件予以分隔。

23. 定时器的Interval属性值为0时，表示________。

24. 定时器控件只能接收________事件。

25. 定时器的Interval属性值，不得大于________。

26. 下列程序用来在窗体上输出如下数据：

```
1  2  3  4  5
2  3  4  5  1
3  4  5  1  2
4  5  1  2  3
5  1  2  3  4
```

```
Private Sub Form_Click()
  Dim a(5, 5) As Byte, i As Byte, j As Byte
  For i=1 To 5
  For j=1 To 6-i
  a(i, j)=________
  Next j,i
  For i=2 To 5
  For j=________ To 5
  a(i, j) =j+ i-6
  Next j, i
  For i=1 To 5
  For j = 1 To 5: Print a(i, j);
  Next j
  Next i
End Sub
```

27. 窗体上有两个命令按钮：Command1（显示）和Command2（退出）。下列程序运行时，"显示"按钮能响应，"退出"按钮不能响应；单击"显示"按钮后，在窗体上显示一个用字符"＊"组成的5层塔，此时"显示"按钮不能响应，"退出"按钮能响应。试写出缺省部分代码。

```
Private Sub Commandl_Click()
  Dim i As Integer, j As Integer
  For i=1 To 5
  Print Spc(5-i);
  For j=________
  Print "*"
  Next j
  Print
  Next i
  Commandl. Enabled = False:________
End Sub
Private Sub Command2_Click()
  End
End sub
Private Sub Form_Load()
  Commandl. Enabled=True
  ________
End Sub
```

28. 利用1个计时器、1个标签框和2个命令按钮制作一个动态秒表。各控件名称取默认值。控件 Comand1、Comand2 标题分别为“开始”“结束”。运行时，单击“开始”，秒表开始计时，单击“结束”，计时结束，并在窗体上显示出运行时间。试写出缺省部分代码。

```
Dim x As Long, h As Integer, m As Integer, s As Integer
Private Sub Commandl_Click()
________
End Sub
Private Sub Command2_Click()
  Timerl. Enabled = False
  Label1. Caption="运行"+Str(h)+"小时"+Str(m)+"分"+Str(s)+ "秒"
End Sub
Private Sub Form_Load()
Timerl. Interval = 1000 :  Timerl. Enabled=False :  x= 0
End Sub
Private Sub Timerl_Timer()
  x=x+1
  h=________: m=________
  s=x Mod 60
  Label1. Caption = Str(h) + ":" + Str(m)+ ":" +Str(s)
End Sub
```

29. 本程序将1个大于100的偶数 n 分解为2个素数之和。其中 nflag 逻辑型函数

用于判断自然数 x 是否为素数。

```
Private Sub Form_Click ()
Dim n Integer, x As Integer, y As Integer
n=Val(InputBox("请输入 1 个大于 100 的偶数", "输入数据", 100))
For x=3 To n\ 2 Step 2
  If nflag(x) Then
    y=________
  If nflay(y) Then
    Print n ; "=";   x; "+"; y : Exit For
  End If
End If
________
End Sub
Function nflag(x As Integer)
  Dim flag As Boolean
  k=2: m=Int (Sqr(x))
________
  Do While k<=m
    If x Mod k=0 Then flag=False
    k=k+1
  Loop
  nflag=________
End Function
```

7.4 程序分析题

1. 写出程序运行时，单击 Option1(2)后，窗体上的显示结果。

```
Private Sub Form_Load()
Option1(0). Value = False: Option1(1). Value = False: Option1(2). Value = False
End Sub
Private Sub Option1_Click(Index As Integer)
If Option1(Index). Value = True Then
Select Case Index
Case 0
Check1(0). Value = 1: Check1(1). Value = 0
Case 1
Check1(0). Value = 0: Check1(1). Value = 1
Case 2
Check1(0). Value = 0: Check1(1). Value = 1
End Select
```

```
  If Check1(0).Value = 1 Then Print "您好"
  If Check1(1).Value = 1 Then Print "欢迎使用 Visual Basic!"
  End If
End Sub
```

2. 写出程序运行时，在组合框 Combol 中输入文本“香蕉”（按回车键结束）后，控件 List1 中的所有列表项。

```
Private Sub Form_Load()
  Combo1.AddItem "西瓜":  Combo1.AddItem "苹果":  Combo1.AddItem "橘子"
  Combo1.AddItem "葡萄":   Combo1.AddItem "哈密瓜"
  Combo1.AddItem "火龙果":  Combo1.AddItem "柚子"
  Combo1.List(0) = "李子":  Combo1.List(7) = "猕猴桃"
End Sub
Private Sub Combo1_KeyPress(KeyAscii As Integer)
  If KeyAscii = 13 Then Combo1.List(Combo1.ListCount) = Combo1.Text
  List1.Clear
  For i% = 0 To Combo1.ListCount - 1
  If Len(Trim(Combo1.List(i%))) < 3 Then List1.AddItem Combo1.List(i%)
  Next i%
End Sub
```

3. 有下列代码：

```
Private Sub Com_Click()
  Dim ab() As Single
  u = Val(InputBox("输入数组的元素个数", " "))
  ReDim ab(u) As Single
  For k = 1 To u
  aa = "现在输入数组的第" & Str(k) & "个元素"
  ab(k) = Val(InputBox(aa, "提示"))
  Picture1.Print ab(k) * ab(1); " ";
  Next
End Sub
```

试问：

（1）当用户单击 Form 窗体时，本代码有何反应？

（2）当用户单击命令钮（名：Com），并输入数据为 2、4 和 8 时，在 Picture1 中出现何种结果？

4. 试读下列两段代码，指出其作用。

```
Private Sub Form_Load()
  Timer1.Interval = 1000
  Timer1.Enabled = True
  Label1.FontSize = 30
```

```
End Sub
Private Sub Timer1_Timer()
  Label1. Caption = Time
End Sub
```

5. 下面的程序段执行时，语句 $m=i+j$ 执行的次数是多少？最终 m 值是多少？

```
Private Sub Command1_Click()
  For i = 1 To 5
    For j = 5 To -5 Step -2
        m = i + j: Print m
    Next j, i
End Sub
```

6. 下面程序段执行后 a 的值是多少？

```
Private Sub Command1_Click()
   a = 1: b = 1
   Do While b <> 5
        a = b - a: b = b + 1
   Loop
   Print a
End Sub
```

7. 写出下面程序的运行结果。

```
Private Sub Command1_Click ()
  Print myfun(5, 10)
End Sub
Public Function myfun! (x!, n%)
  If n=0 Then
    myfun=1
  ElseIf n Mod 2=1 Then
    myfun=x * myfun(x, n/2)
  Else
    myfun=myfun(x, n/2)/x
  End If
End Function
```

8. 请问以下代码输出结果是什么？

```
Sub Tryout (x As Integer, y As Integer)
  x=x+100
  y=y*6
  Print"x="; x,        "y="; y
End Sub
```

```
Private Sub Form_Click()
  Dim a As Integer,  b As Integer
  a=10: b=20
  Tryout a , b
  Print "a="; a, "b="; b
End Sub
```

9. 在窗体层声明如下数组：

```
Dim Values()
'编写如下通用子过程
Static Sub Changearray(Min%, Max%, p() As Integer)
  For i% = Min% To Max%
  p(i%) = i% ^ 3
  Next i%
End Sub
Static Sub Printarray(Min%, Max%, p() As Integer)
  For i% = Min% To Max%
  Print p(i%) = i% ^ 3
  Next i%
  Print
End Sub
'编写如下的事件过程：
Sub Form_Click()
  Dim Values(1 To 5) As Integer
  Call Changearray(1, 5, Values())
  Call Printarray(1, 5, Values())
End Sub
```

上述程序把整个数组传送到通用过程中。数组在事件过程（主程序）中定义名为 Values 的动态数组；在实参表中写作 Values()；在通用过程的形参表中，数组名写作 p()。当调用过程时，就把主程序中的数组 Values()作为实参传送给通用过程中的 p()。程序的输出结果是什么？

10. 写出下列程序运行后的输出结果，同时写出将标记有①和②的两条语句对调后，重新运行程序时的输出结果。

```
Private Sub Command1_Click()
Const n = 6
Dim xx(n) As Integer
Form1.Cls
For i = 1 To n
xx(i) = i * i
Next i
Call fchange(xx(), n)
```

```
For i = 1 To n
Print xx(i)
Next i
End Sub
Sub fchange(a() As Integer, m As Integer)
For i = 1 To m / 2
t = a(i)
a(i) = a(m - i + 1) '①
a(m - i + 1) = t '②
Next i
End Sub
```

7.5 操作训练题

1. 练习对 VB 6.0 环境进行管理。

(1) 在开始菜单或桌面上，找到 VB 6.0 运行。

(2) 建立一个标准 .exe 工程，将窗体的名称改为“我的第一个 VB 工程”。

(3) 在工具栏中点击添加窗体按钮，添加一个新窗体 Form2。

(4) 关闭工具箱、工具栏、属性窗口及工程资源管理器。

(5) 打开工具箱、工具栏、属性窗口及工程资源管理器，并对位置进行适当调整。注意，要对任一处进行管理，可选用拖动也可以右击，用弹出式菜单进行管理。

(6) 自工具箱向窗体引入不同的控件，选定后观察不同控件的属性及系统默认的属性值。

(7) 选定不同控件后，观察 VB 6.0 窗口有哪些反应。

(8) 选定工程资源管理器中的窗体或不同窗体，观察 VB 6.0 窗口有哪些反应。

(9) 将本工程及工程中的各个窗体保存于磁盘中；至少为 $n+1$ 次（n 为窗体数，1 为工程数，若有普通模块，还要用 *.bas 保存，若有 Active X 控件，还要用 *.vbg保存…）。

(10) 保存后，右击工程资源管理器中的工程 1，将内存中的工程移除。

(11) 将已保存的工程打开，看原有的设置（即两个窗体）是否都存在。若有错误，说明保存方法不对，再重复上述操作。

2. 在窗体上建一个图片框，使其大小能适应图片的变化。建一个命令钮，标题为“显示图片”（红色）。窗体大小坐标为（50，50）～（9000，7000）。

3. 在窗体上建一图片框，其标题用标签框制作（标题：四则运算）。For - Next 循环，自变量 $i=1\sim50$，步长 2，与固定值 8 进行加减乘除。要求除法结果保留到小数点后二位，第三位四舍五入。

4. 在窗体上建立 4 个命令钮 Comand1～4，要求如下：

(1) 4 个命令按钮的 Caption 属性分别为“窗体变大”“窗体变小”“窗体左移”

“窗体右移”。

(2) 单击 Comandl 按钮时，窗体大小变为原来大小的两倍；单击 Comand2 按钮时，窗体大小交为原来大小的一半：单击 Comand3 或 Comand4 按钮时，窗体分别不断左移（直到左边界等于其宽度为止）或不断右移（直到右边界等于左边界为止）。

5. 在窗体上，建两个命令钮 Command1～2，标题依次为“制作九九乘法表”和“制作日历表”，利用 Print 方法和 Tab() 函数，打印出规整的九九乘法表或本月份的星期几、阳历日期与阴历日期，也可以将上述内容打印于图片框或显示于文本框中。

6. 窗体 Forml 运行时界面见图 7.2。要求：选中不同单选按钮时在文本框中显示不同的内容。另外在此题的基础上，增加 1 个组合框选择日期的格式（年_月_日、月_日_年、日_月_年）。请编写相应代码。

7. 试制作一个 21 选 5 的福彩抽奖平台。要求如下：

抽奖号码为 1～21 中任意五个不重复的整数号码；该号码由随机函数产生且每次随机数不同。抽奖的 5 个号码放于图片框中，框为黑底红字，字体为 28 号；命令按钮的标题为选号，其他控件自定。

8. 勾股定理中三个数的关系是：$a^2+b^2=c^2$。编写程序，输出 50 以内满足上述关系的整数组合，例如 3、4 和 5 就是一个整数组合。

9. 用二分法求方程 $x^3-x+1=0$ 在 [−20，10] 区间内的一个实根，精度 $\varepsilon=10^{-7}$，控件界面设计见图 7.3。

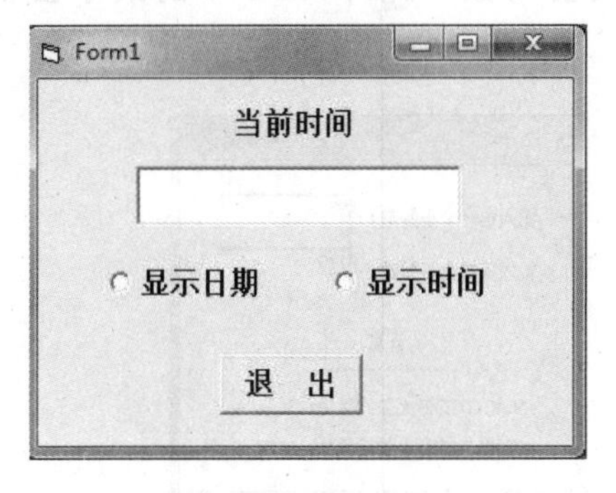

图 7.2　运行界面

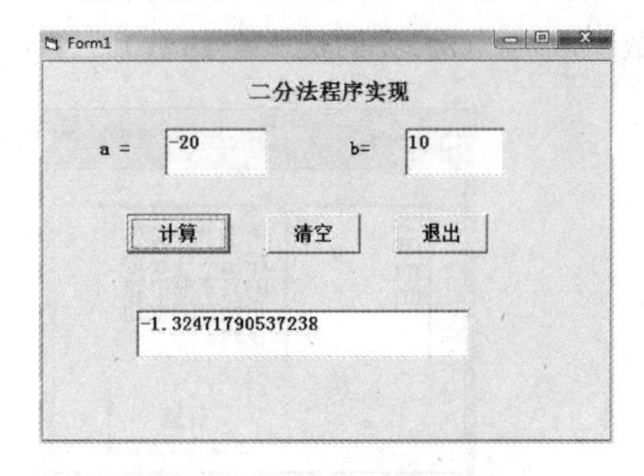

图 7.3　二分法程序设计界面

10. 编程实现如下功能：建立一个 5×5 的矩阵，该矩阵的两条对角线上的元素都为 1，其余元素都为 0。

11. 找出二维数组 $A\times B$ 中的“鞍点”（即该点的值在所在行最大，但在所在列最小），输出该点的位置以及值。如果没有鞍点，则输出“没有鞍点”。要求两个数组 A 和 B 的值写入顺序文件，其余控件等自定。

12. 求 $s=1+2+3+\cdots+1000$ 的和（不能使用等差数列求和公式计算），控件设计及运行结果见图 7.4。

13. 输入一个正整数 n，计算并输出阶乘 $n!$，控件设计及运行结果见图 7.5。

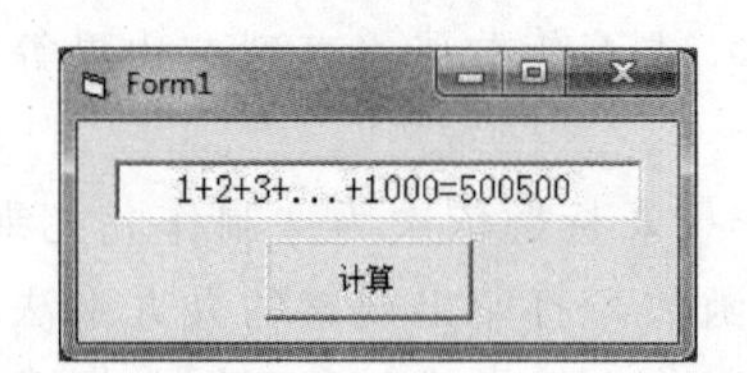

图 7.4　程序界面设计及运行结果

图 7.5　程序界面设计及运行结果

14. “水仙花数”是指一个三位的正整数，其各位数字的立方和等于该数，如：$153=1^3+5^3+3^3$，153 是水仙花数。编写程序，在文本框中显示所有的“水仙花数”（将文本框的 MultiLine 属性值设为 True），控件设计及运行结果见图 7.6。

15. 用辗转相除法求两个正整数的最大公约数和最小公倍数并输出，控件设计及运行结果见图 7.7。提示：设两个正整数分别为 m、n，用辗转相除法求它们的最大公约数的方法如下：

（1）求 m 除以 n 的余数赋给 r。

（2）当 r <> 0 时，将 n 的值赋给 m，r 的值赋给 n，再求 m 除以 n 的余数赋给 r，直到 $r=0$。

（3）当 $r=0$ 时，n 的值就是 m、n 的最大公约数。此外，m、n 的最小公倍数$=m*n/(m$、n 的最大公约数)。

图 7.6　程序界面设计及运行结果

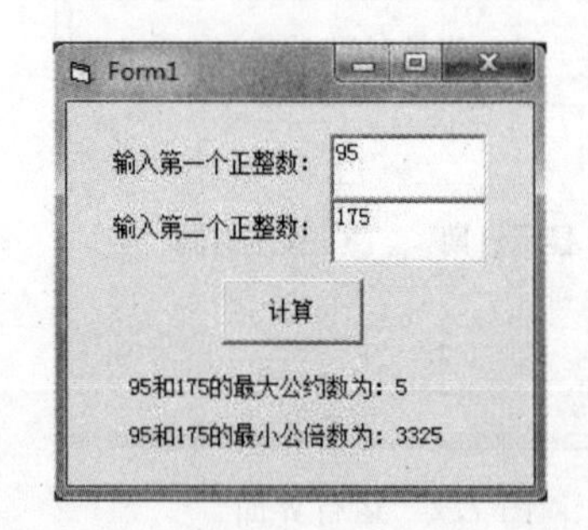

图 7.7　程序界面设计及运行结果

16. 求 1000～5000 之间的所有素数，并在文本框中显示（将文本框的 MultiLine 属性值设为 True，ScrollBars 属性值设为 2-Vertical），控件设计及运行结果见图 7.8。

17. 求一元二次方程 $ax^2+bx+c=0$ 的根，控件设计及运行结果见图 7.9。提示：一元二次方程的求根公式为

$$x_{1,2}=\frac{-b\pm\sqrt{b^2-4ac}}{2a}$$

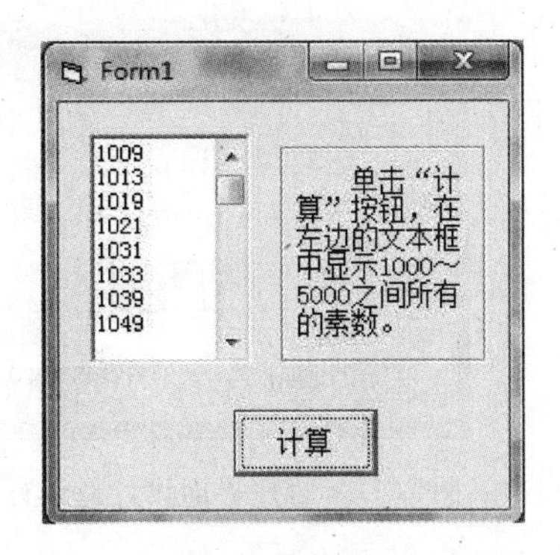

图 7.8 程序界面设计及运行结果

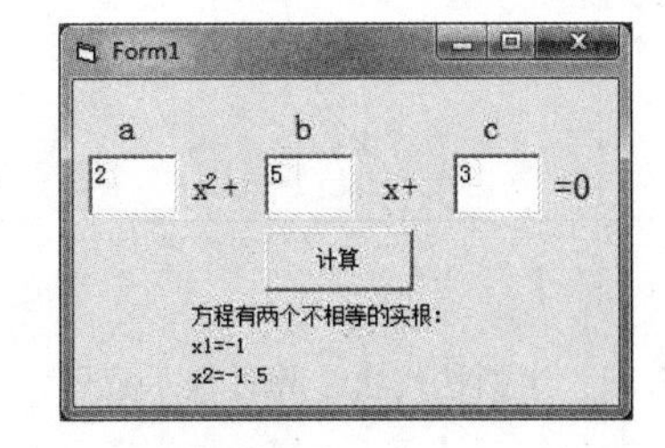

图 7.9 程序界面设计及运行结果

方程的根有如下几种可能：

(1) 若 $a=0$ 且 $b=0$，则提示“数据输入错误，请重新输入!”。

(2) 若 $a=0$ 且 $b\neq0$，则方程有一个实根 $x=-c/b$。

(3) 若 $a\neq0$ 且 $b^2-4ac=0$，则方程有两个相等的实根 $x_1=x_2=-b/(2a)$。

(4) 若 $a\neq0$ 且 $b^2-4ac>0$，则方程有两个不相等的实根。

(5) 若 $a\neq0$ 且 $b^2-4ac<0$，则方程有两个共轭复根。

18. 利用下列近似公式求 π 的值，精度 $\varepsilon=10^{-5}$，控件设计及运行结果见图 7.10。

$$\pi=2\times\frac{2}{\sqrt{2}}\times\frac{2}{\sqrt{2+\sqrt{2}}}\times\frac{2}{\sqrt{2+\sqrt{2+\sqrt{2}}}}\times\cdots \tag{7.1}$$

提示：公式中除第一项 2 以外，其余任何一项的分子都是 2，任何一项的分母都是 2 加上其前一项的分母再开平方，设第 i 项的分母为 d，则第 $i+1$ 项的分母为 $\sqrt{2+d}$，每循环一次乘上一项，并判断前后两次乘积的差值是否小于 ε，如果小于则表示达到计算精度要求，否则，不断地乘上新的项，直到达到计算精度要求为止。

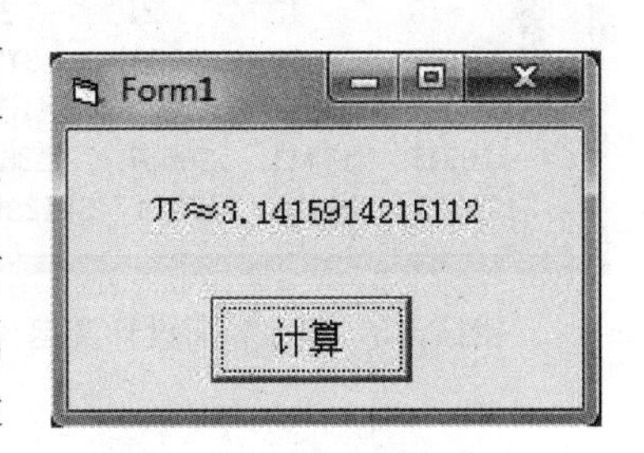

图 7.10 程序界面设计及运行结果

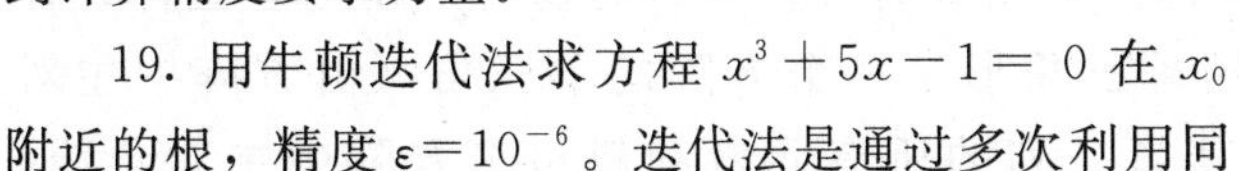

19. 用牛顿迭代法求方程 $x^3+5x-1=0$ 在 x_0 附近的根，精度 $\varepsilon=10^{-6}$。迭代法是通过多次利用同一公式进行计算，将每次计算的结果再代入到公式进行下一次计算，直到满足条件为止。例如设 $f(x)=x^3+5x-1$，给定初值 x_0，过点 $(x_0, f(x_0))$ 作曲线 $y=f(x)$ 的切线，与 x 轴交于 x_1，过点 $(x_1, f(x_1))$ 作曲线 $y=f(x)$ 的切线，与 x 轴交于 x_2，…，见图 7.11。当 $x_{i+1}-x_i$ 的绝对值小于给定的精度 ε 时，x_{i+1} 就是方程的近似根。牛顿迭代公式为：$x_{i+1}=x_i-f(x_i)/f'(x_i)$，式中 $f'(x_i)$ 为 $f(x)$ 在 x_i 处的导数。控件设计及运行结果见图 7.12。

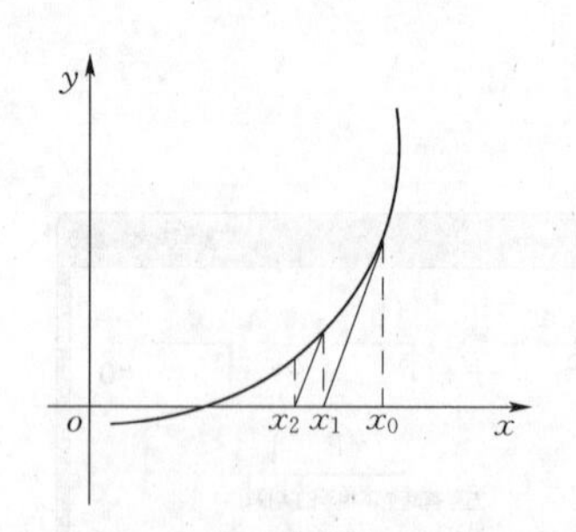

图 7.11　牛顿迭代法计算过程示意图

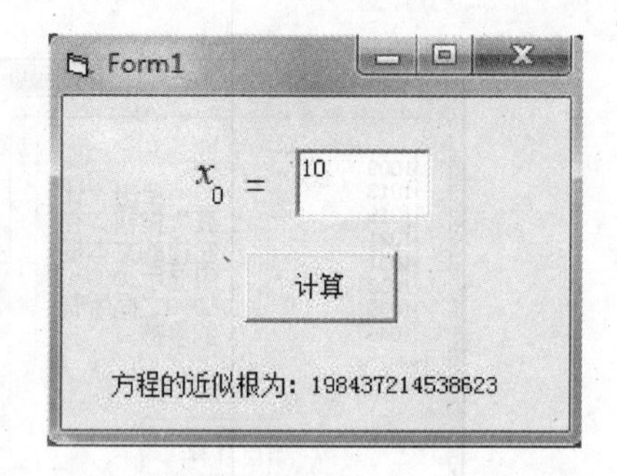

图 7.12　程序界面设计及运行结果

20. Fibonacci（斐波那契）数列为：1，1，2，3，5，8，13，…，其中，第一项为 1，第二项为 1，其余任何一项都是其前两项的和，即 $f(n)=f(n-1)+f(n-2)n\geqslant 3$。编写程序，定义一个有 30 个元素的数组，将 Fibonacci 数列的 30 个数赋给数组元素，并在窗体上按 6 行 5 列输出这 30 个元素，控件设计及运行结果见图 7.13。

21. 在窗体模块的通用声明段定义一个记录类型（用户自定义数据类型）电话号码簿，其中包括姓名、电话号码两个字段或成员，定义这种记录类型的数组（包含 5 个数组元素），输入 5 个人的姓名、电话号码并在窗体上显示，控件设计及运行结果见图 7.14。

Form1

1	1	2	3	5
8	13	21	34	55
89	144	233	377	610
987	1597	2584	4181	6765
10946	17711	28657	46368	75025
121393	196418	317811	514229	832040

图 7.13　程序界面设计及运行结果

图 7.14　程序界面设计及运行结果

22. 输入一个正整数 n，在窗体上输出具有 n 行 n 列的杨辉三角形，控件设计及运行结果见图 7.15。分析：杨辉三角形是一个方阵的下三角（由方阵中主对角线及其以下部分元素构成），其第一列的所有元素和斜边（方阵中主对角线）上的所有元素均为 1；其余各元素的值为其上一行同一列元素与上一行前一列元素之和，公式为 $a(i,j)=a(i-1,j)+a(i-1,j-1)$ 其中 $i=3,\cdots,n;j=2,\cdots,i-1$。

23. 编写一个求三个数的最大值和最小值的通用过程，在命令按钮的 Click 事件过程中，任意输入三个数调用该通用过程求它们的最大值和最小值并输出，控件设计及运行结果见图 7.16。

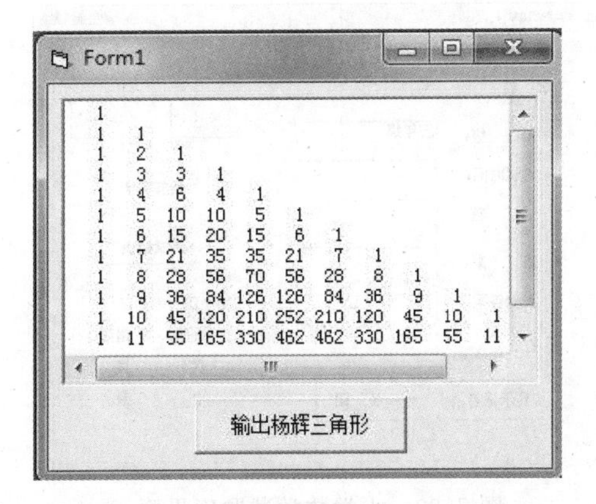

图 7.15 程序界面设计及运行结果

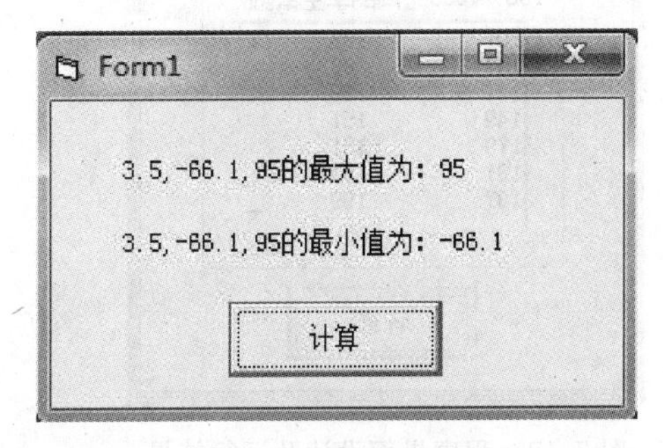

图 7.16 程序界面设计及运行结果

24. 以递归调用的 Function 过程编写一个求 $n!$ 的通用程序，在由四个命令按钮组成的控件数组中分别计算 4!，6!，8! 以及 1～10 的阶乘和并输出，控件设计及运行结果见图 7.17。提示：$n!$ 的递归形式及其递归函数表示为

$$n! = \begin{cases} 1, & n = 0 \\ n \times (n-1)!, & n > 0 \end{cases}$$

25. 输入一个正整数 n 的值，计算 $s=1\times(1+2)\times(1+2+3)\times\cdots\times(1+2+3+\cdots+n)$ 的值，要求先编写求 $1+2+3+\cdots+k$ 的 Function 过程，然后调用这个 Function 过程求前 n 项的乘积，控件设计及运行结果见图 7.18。

26. 编写一个判断正整数 n 是否是素数的 Function 过程，调用这个过程求 100～1000 之间所有的孪生素数并输出，控件设计及运行结果见图 7.19。提示：孪生素数是指两个素数的差值为 2 的素数，如：101 和 103 就是孪生素数。

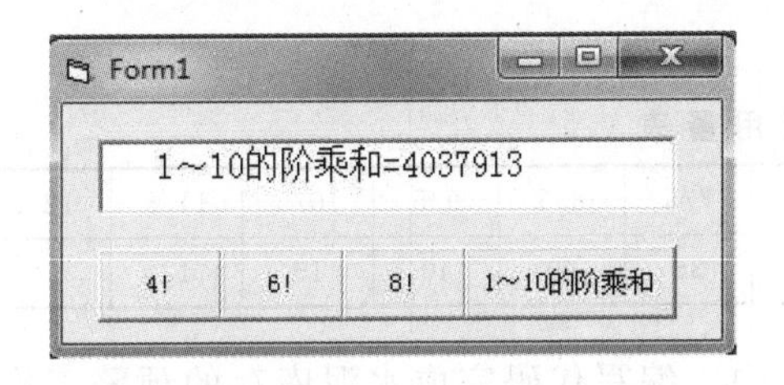

图 7.17 程序界面设计及运行结果

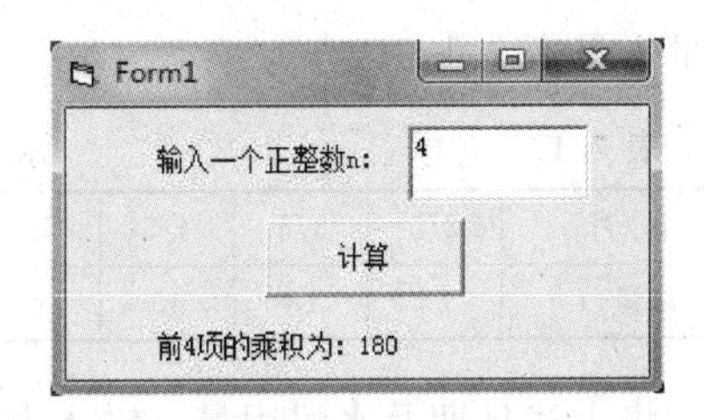

图 7.18 程序界面设计及运行结果

27. 用 Sub 过程编写求解定积分 $y=\int_0^1 \sin x \mathrm{d}x$ 的值。采用 Command_Click() 调入，并在图片框中标注纵横坐标、尺寸，绘出其曲线，控件设计自定。

28. 试建立小学数学试题库窗体上的各种控件。控件设计提示见图 7.20，设计要求如下：

图 7.19　程序界面设计及运行结果

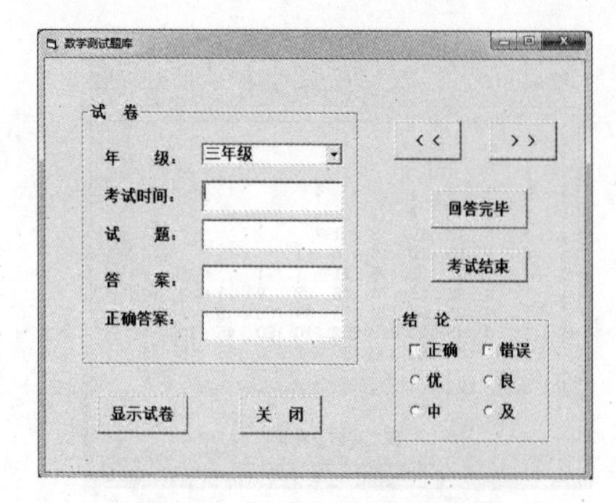

图 7.20　小学数学试题库界面

(1) 显示试卷、关闭、＜＜、＞＞、回答完毕、考试结束均为命令钮。对应的名称依次为 prntest、quit、pre、nex、answer、endtest。

(2) 用 Framel（标题：试卷）和 Frame2（标题：结论）建立两个框架组。

(3) 年级后为组合框（名称：gradelist），考试时间～正确答案后的文本框依次为 Text1～4；正确、错误后的复选框名为 Check1～2（注意：当答题错误时，错误后的复选框 Check2 中将出现☑），优、良、中、及后均为单选钮，名称依次为 Option1～4。

(4) 在组合框中要输入一年级～五年级，放于组合框的 List 属性中。

(5) 本工程必须保存在 D 盘上，以备今后编码设计、菜单设计及工具栏设计使用。

29. 试制作一个水库工地的水泥仓库储存量的预警系统，以保证工地的水泥用量。用 Textl（标题：水泥用量）输入当天的水泥用量，用 Text2 输出水泥尚存的总量（标题：当日库存量），用 Text3 输出提示近五天应进水泥量（标题：近五日应进）。建一个命令按钮。水泥的初期库存量为 60t。根据施工进度，已估算出每日用水泥量，见表 7.1。

表 7.1　　　　**水泥计划用量表**

日/月	2/5	3/5	4/5	5/5	6/5	7/5	8/5	9/5	10/5	11/5	12/5
用量/t	25	18	40	25	28	35	40	40	15	12	12

将上述日期及水泥用量，输入顺序文件中。编写代码完成水泥库存的预警工作。提示：

(1) 日期用 Label 制作，日期和计划用量应读入数组，当日库存量应用 Static 声明。

(2) 每单击一次命令按钮，应将后五天的预计水泥用量输出。

30. 试编写一个计算水库的水位-库容-泄量的 VB 工程。窗体的控件设计自定。水位-库容关系见表 7.2。水深与泄量（m^3/s）关系为 $Q = MBH^{\frac{3}{2}}$，其中 $B=3\times 5$，

$M \approx 1.6$，堰顶高程 300 m。

表 7.2　　　　**水位－库容关系表**

水位/m	300	305	311	316	318	320
库容/$10^7 m^3$	2.0	2.6	2.9	7.5	12.0	15.0

31. 某水电工程，在规划设计期间，已搜集到包括特大值在内的一系列水文资料（见表 7.3）。试对其进行均值和离差系数计算。在窗体上建立相应的工具栏和菜单，用于包括特大值在内的水文参数计算。要求：将多年平均流量 Q 和 C_v 值写入原 txt 文本文件的尾部，由 VB 控制 txt 文本文件的打开和关闭。

（1）对于本工程，凡超过 $600m^3/s$ 的流量，认为是特大值。

（2）在非连续年内共发生三次特大洪水，一次 1935 年，$1120m^3/s$；1940 年，950m/s；1947 年，$1350m^3/s$。

（3）多年平均流量及离差系数计算公式为

$$\overline{Q} = \frac{1}{N}\left(\sum_{D=1}^{a} Q_D + \frac{N-a}{m-k}\sum_{y=1}^{m-k} Q_Y\right) \tag{7.2}$$

$$C_v = \sqrt{\frac{1}{N-1}\left[\Sigma\left(\frac{Q_D}{Q}-1\right)^2 \frac{N-a}{m-k}\Sigma\left(\frac{Q_Y}{Q}-1\right)\right]} \tag{7.3}$$

式中：N 为考虑特大值在内的重现期，$N=500$；a 为在 N 年内出现特大洪水的次数；k 为在连续的年内出现特大洪水的次数；m 为有记载的洪水连续年数；Q_D 和 Q_Y 分别代表特大值洪水数组和一般值洪水数组。提示：将 txt 文本文件中的年份、流量读入后，将不小于 $600m^3/s$ 的年份、流量放于数组 Y_D() 和 Q_D() 中，小于 $600m^3/s$ 的年份、流量放于数组 Y_Y() 和 Q_Y() 中，然后再进行计算。

表 7.3　　　　**连续年洪水资料表**

年份	1993	1994	1995	1996	1997	1998	1999	2000	2001	2002	2003	2004
流量/(m^3/s)	510	290	650	370	430	520	790	380	270	400	360	270

32. 试确定某截水槽心墙坝墙后水深 h_0 及浸润线 $x-h(x)$，采用 Sub 子过程或 Function 函数计算 h_0 和 $h(x)$。要求：建两个窗体，窗体 Form1 见图 7.21。输入密码后，打开窗体 Form2（控件自设），用于显示墙后水深 h_0 及绘制浸润曲线图。水库横断面见图 7.22。心墙土石坝参数为：上游边坡 $m_1 = 3$，下游边坡 $m_2 = 2.5$，坝体渗透系数 $k = 5\times10^{-3}$cm/s，坝基渗透系数 $k_T = 1\times10^{-2}$ cm/s，黏土心墙渗透系数 $k_0 = 1\times10^{-5}$ cm/s。计算参数为：心墙的上、中、下宽度 $=(b_1, b_2, b_3)=(5,12,6)$，$H_1 = 45$m，$T = 10$m，$t = 0.5$m，$L = 90$m。

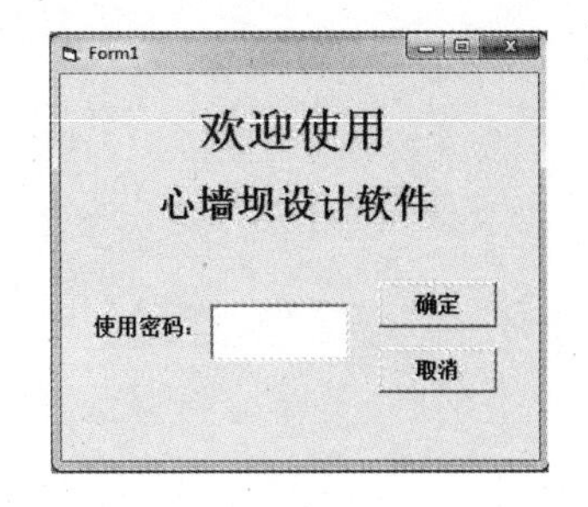

图 7.21　程序界面设计

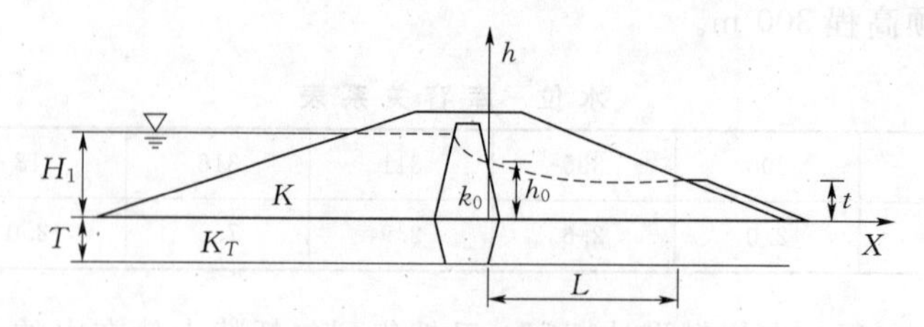

图 7.22 心墙土石坝横断面图

墙后逸出水深 h_0（m）（b 应进行加权平均）计算公式为

$$h_0 = (\sqrt{A^2 + A_1 A_3} - A)/A_1 \tag{7.4}$$

式中：

$$A_1 = K_0/b + k/(L - m_2 t) \tag{7.5}$$

$$A = K_0 T/b + k_T T/(L + 0.44T) \tag{7.6}$$

$$A_3 = k_0 H_1/b(H_T + 2T) + k_T^2(L - m_2 t) + 2K_T Tt/(L + 0.44T) \tag{7.7}$$

墙后浸润线方程（要求增量 $\Delta x = 5\text{m}$）为

$$\frac{2q}{k}X = h_0^2 + \frac{2k_T Th_0}{k} - h^2(x) - \frac{2k_T T}{k}h(x) \tag{7.8}$$

$$q = k\frac{h_0^2 - t^2}{2(L - 2mt)} + Tk_T\frac{h_0 - t}{0.4TL} \tag{7.9}$$

33. 在窗体上放一个 Frame1，标题：单位职工表，内放五个文本框 Text1～5，标题依次为姓名、职务、性别、年龄、职称。并放一个图片框，将其绑定到 Data1 数据控件上。在数据库中建立表名称为“单位职工表”的表，内容包括：姓名、职务、性别、年龄、职称及照片。要求：

（1）建 Command1～3，用于浏览、添加和删除职工表。

（2）建一个 Text6，标题：查找姓名。用户只要输入相应的姓名，即可找出单位有无此职工及该职工状况。

注：图片可使用 LoadPicture 命令装入。

第 8 章 模拟试题

为了使同学们了解自己对 Visual Basic 6.0 程序设计相关语法知识的掌握程度，并为以后参加 Visual Basic 全国计算机二级考试奠定基础，本章给出了 3 套 Visual Basic 程序设计模拟试题并附答案作为参考。

8.1 模拟试题一

一、语言基础题

1. 判断题

（1）面向对象的程序设计是一种以对象为基础、由事件驱动对象执行的设计方法。

（2）由 Visual Basic 语言编写的应用程序有解释和编译两种执行方式。

（3）在 Visual Basic 中，用 Dim 定义数组时，数组元素全部自动赋初值 0。

（4）设计菜单中每一个菜单项分别是一个控件，每个控件都有自己的名字。

（5）用 Cls 方法能够清除窗体或图片框中用 Picture 属性设置的图形。

（6）在窗体内，各控件不能用鼠标任意精确定位是由于窗体中的定位网格起作用。

（7）图片框既可用来显示图片和绘制图形，也可用 Print 方法来显示文字。

（8）移动框架时框架内控件也跟随移动，所以框架内各控件的 Left、Top 属性值也随之改变。

（9）定时将文本框中的数据保存到磁盘，可选 Timer 计时器控件。

（10）从几十个项目中任选其中一项或多项时，可选用列表框或组合框控件来实现。

2. 单选题

（1）在文件列表框中设定“文件列表”中显示的文件类型应修改控件的（　　）属性。

A. Pattern　　B. Path

C. Filename　　D. Name

（2）改变控件在窗体中的左右位置应修改该控件的（　　）属性。

A. Top　　B. Left

C. Width　　D. Name

（3）将 CommonDialog 通用对话框的类型设置为颜色对话框，可修改控件的（　　）

属性。

A. Color　　　　B. Filter

C. Filename　　　　D. Action

(4) 将命令按钮 Command1 设置为默认的活动按钮，可修改该控件的（　　）属性。

A. Enabled　　　　B. Value

C. Default　　　　D. Cancel

(5) 将焦点主动设置到指定的控件或窗体上，应采用（　　）方法

A. SetDate　　　　B. SetFocus

C. SetText　　　　D. SetData

(6) 下面（　　）控件不具有 Caption 属性。

A. 标签框　　　　B. 单选框

C. 命令按钮　　　　D. 文本框

3. 填空题

(1) 表达式 81 \ 7 mod 2^2 的值是________。

(2) 设 x 是 1 个 2 位数，将 x 的个位数和十位数交换后所得 2 位数的 VB 表达式是________。

(3) 由下列语句定义的数组占用________个字节的存储空间。

```
Dim x(1 to 4) As Integer
```

(4) 设 $x=6$，$y=4$，$z=7$，下面表达式的值是________（True 或 False 表示）。

$x>y$ And $y>x-z$ Or $x<y$ And Not $2*y>z$

(5) 以图片框 Pic1 的中心位置为圆心，以 700 为半径画一个圆的方法是________。

二、程序阅读题

阅读下列程序，写出运行结果。

(1) 写出运行时连续四次单击窗体 Form1 时窗体上的输出结果。

```
Private Sub Form_Click()
  Static a As Integer
  Dim b As Integer
  b = a + b + 1: a = a + b
  Form1. Print "a="; a, "b="; b
End Sub
```

(2) 设输入数据分别为 14、3、125、21，则 Label1. Capion 的值分别是多少？

```
Private Sub Form_Click()
  Dim a As Integer
```

```
  a = Val(InputBox("请输入数据", " ", 100))
  Select Case a Mod 5
  Case Is < 4
  w = a + 10
  Case Is < 2
  w = a * 2
  Case Else
  w = a - 10
  End Select
  Label1.Caption = "w=" & Str(w)
End Sub
```

(3) 写出 a1.txt 文件的最终结果。

```
Private Sub Form_Click ()
  Dim f1 As Integer, f2 As Integer, f3 As Integer
  Open "D:\a1.txt" For Output As #1
  f1 = 2: f2 = 3
  Print #1, "No."; 3, f1
  Print #1, "No."; 4, f2
  For i = 5 To 7
  f3 = f1 + f2
  Print #1, "No", i, f3
  f1 = f2: f2 = f3
  Next i
  Close #1
End Sub
```

(4) 写出运行下列程序的输出结果，另外将标记有①和②的两条语句对调后，写出重新运行程序时的输出结果。

```
Private Sub Command1_Click()
  Const n = 6
  Dim xx(n) As Integer
  Form1.Cls
  For i = 1 To n
  xx(i) = i * i
  Next i
  Call fchange(xx(), n)
  For i = 1 To n
  Print xx(i),
  Next i
End Sub
Sub fchange(a() As Integer, m As Integer)
```

```
  For i = 1 To m / 2
  t = a(i)
  a(i) = a(m - i + 1) '①
  a(m - i + 1) = t '②
  Next i
End Sub
```

三、程序填空题

(1) 在窗体上有两个命令按钮和1个文本框，名称分别为Cmdstart(“开始”)、Cmdend(“结束”)和Text1，文本框Text1的字符个数不超过200个。

程序刚运行时，“结束”按钮为灰色，单击“开始”按钮后，将Text1中的字符按其ASCII码值从小到大自左到右重新组合，并在窗体上输出重组后的字符串，同时使“结束”按钮能响应而“开始”按钮不能响应。

```
Private Sub Form_Load()
  Cmdend. Enabled=False
End Sub
Private Sub Cmdstart_Click ()
  Dim n As Integer,  i As Integer,  j As Integer,  p As Integer
  Dim (200) as String * 1, stl As String, t As String
  Strl=Text1. Text: n=Len(strl)
  For i=1 To n
    a(i)= ___①___
  Next i
  For i=1 To n-1
    p=i
    For j=i+1 To n
      If a(p)>a(j) Then ___②___
    Next j
    If  ③  Then t= a(i);a(i)= a(p): a(p)=t
  Next i
  For i=1 To n: Print(i); ;Next i
  ___④___
  ___⑤___
End Sub
Private Sub Cmdend_Click ()
  End
End Sub
```

(2) 本程序将1个大于100的偶数n分解为2个素数之和。其中nflag逻辑型函数用于判断自然数x是否为素数。

```
Private Sub Form_Click ()
```

```
    Dim n As Integer, x As Integer, y As Integer
    n=Val (InputBox("请输入1个大于100的偶数","请输入数据",100))
    For x=3 To n\2 Step2
      If nflag(x) Then
        y= ①
      If nflay(y) Then
        Print n; "="; x; "+"; y: Exit For
      End If
    End If
    ②
  End Sub
  Function nflag (x As Integer)
    Dim flag As Boolean
    k=2: m=Int(Sqr(x))
    ③
    Do While k<=m
      If x Mod k=0 Then flag=False
        k=k+ 1
      Loop
    Nflag= ④
  End Function
```

四、程序设计题

(1) 计算表达式"m!/n!/(m−n)!"的值并在窗体上输出。要求：用对话框输入 m 和 n ($m \geqslant n \geqslant 0$)，编写函数过程计算阶乘值。

(2) 用户界面如图 8.1 所示，用于将学过的单词在列表框中显示出来，要求完成：

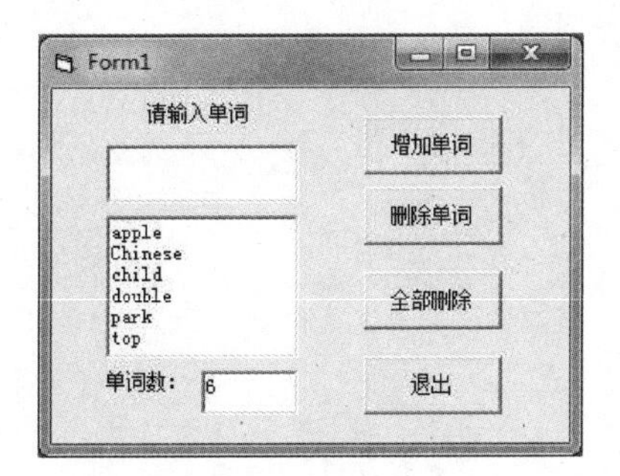

图 8.1 程序 2 的窗体

1) 单击"增加单词"按钮，将 Text1.Text 中单词添加到列表框，再显示列表框中单词数。

2) 单击"删除单词"按钮，删除列表框中被选中的项，再显示列表框中的单词数。

3) 单击"全部清除"按钮，删除列表框的全部选择项，再显示列表框中的单词数。

4) 单击"退出"按钮，结束程序。

部分程序代码如下，请分别编写四个命令按钮的单击事件。

```
Private Sub Form_Load ()
  Label1. Caption="请输入单词"
  Label2. Caption="单词数"
  Command1. Caption="增加单词"
```

```
    Command1.Caption="删除单词"
    Command1.Caption="全部清除"
    Command1.Caption="退出"
    List1.Additem "apple"
    List1.Additem "Chinese"
    List1.Additem "child"
    List1.Additem "double"
    List1.Additem "park"
    List1.Additem "top":Text1.Text=" "
    Text2.Text=Str(List1.ListCount)
End Sub
```

参考答案 8.1

8.2 模拟试题二

一、语言基础题

1. 判断题

(1) Visual Basic 程序的运行可以从 Main( )过程启动，也可以从某个窗体启动。

(2) 同一 Form 窗体中的控件可以相互重叠，其显示的上下层次的次序不可以调整。

(3) 静态变量是局部变量，当过程再次被执行时，静态变量的初值是上一次过程调用后的值。

(4) 事件过程由某个用户事件或系统事件触发执行，它不能被其他过程请用。

(5) 在图片框中放置的控件既可以在该图片框内移动，也可以移出该图片框外。

(6) 滚动条控件可作为用户输入数据的一种方法。

(7) 单选钮控件和复选框控件都具有 Value 属性，它们的作用是完全相同的。

(8) 鼠标选中某菜单控件触发事件，而用键盘选中该菜单控件时触发 KeyPress 事件。

(9) 组合框兼有文本框和列表框两者的功能，用户可通过输入文本或选择列表项来选择。

(10) 在驱动器列表框 Drive1 的 Change 事件过程中，代码 Dir1. Path＝Drive1 的作用是：当 Drive1 的驱动器改变时，Dirl 的目录列表随不同驱动器作相应改变。

2. 单选题

(1) 要改变控件的宽度，应修改该控件的（　　）属性。

A. Top　　B. Left

C. Width　　D. Height

(2) 将命令按钮 Command1 设置为不可见，应修改该命令按钮的（　　）属性。

A. Visible　　B. Value

C. Caption　　D. Enabied

(3) 单击滚动条两端的任一个滚动箭头，将触发该滚动条的（　　）事件。

A. Scroll　　B. KeyDown

C. Change　　D. Dragover

(4)（　　）对象具有 Clear 方法。

A. 图片框　　B. 窗体

C. 复选框　　D. 列表框

(5) 重新定义图片框控件的坐标系统，可采用该图片框的（　　）方法。

A. Scale　　B. ScaleX

C. ScaleY　　D. SetFocus

(6) 将通用对话机 CommonDialog1 的类型设置成另存为对话框，可用该控件的（　　）方法。

A. ShowOpen　　　　　　B. ShowSave

C. ShowColor　　　　　　D. ShowFont

3. 填空题

（1）代数式 $\dfrac{x^5 - \cos 29^\circ}{\sqrt{e^x + \ln y} + 5}$ 的 VB 表达式是________。

（2）x 为大于零的实数，则大于 x 的最小奇数的 VB 表达式是________。

（3）$a1$ 和 $a2$ 之中有且只有一个与 $a3$ 的值相等，相应的 VB 逻辑表达式是________。

（4）init 的初值为 10，则由下列语句控制的循环次数是________。

```
Do While init>=5
    init=init-1
Loop
```

（5）在 VB 中，变量的作用范围可分为________、________和________三种。

（6）语句 Picture1. Circle(800，1000)，500 的含义是________。

二、程序阅读题

阅读下列程序，写出运行结果。

（1）程序运行时连续三次单击 Command1，且设输入的数是 5、2 和 4 时，分别写出文本框 Text1. Text 的值。

```
Static Sub Command1_Click()
    Dim x As Integer，s As Integer
    x = Val(InputBox("请输入一个正整数"))
    If x < 5 Then
    s = s * x
    Else
    s = s + x
    End If
    Text1. Text = "s=" + Str(s)
End Sub
```

（2）写出程序运行时单击窗体后，窗体的输出结果。

```
Private Sub Form_Click()
    Dim w As Integer，k As Integer
    Form1. Cls
    w = 3
    For k = 2 To 6 Step 2
    Print "w="; w, "k="; k
    w = w + 1
    Next k
    Print "w="; w, "k="; k
```

```
End Sub
```

(3) 写出程序运行时单击窗体后，窗体的输出结果。

```
Private Sub Form_Click()
  Dim x As String, I As Integer, n As Integer
  Form1.Cls
  x = "ABCDEFGHKL"
  n = Len(x)
  For I = n To 1 Step - 2
  Print Tab(20 - I); Mid(x, I, 1)
  Next I
End Sub
```

(4) 写出程序运行时连续三次单击 Command1 后，a1.txt 文件的最终结果。注：在窗体的通用声明区声明两个模块级变量 *a* 和 *y*。

```
Dim a As Integer, y As Integer
Private Sub Form_Load()
  Open "D:\a1.txt" For Output As #1
  Close #1
End Sub
Private Sub Command1_Click()
  Open "D:\a1.txt" For Append As #1
  Call aa(5): y = y + a
  Print #1, "y="; y, "a="; a
  Close #1
End Sub
Sub aa(i As Integer)
  x = 1
  Do Until x > i
  a = a + x: x = x + 3
  Loop
End Sub
```

三、程序填空题

(1) 利用一个计时器、一个标签框和两个命令按钮控件制作一个动态秒表，如图 8.2 所示。单击“开始”命令按钮后秒表开始计时，单击“结束”命令按钮后秒表结束计时，并在标签框上显示运行时间，如“运行 0 小时 2 分 10 秒”（假设对象的属性都在程序代码中设定）。

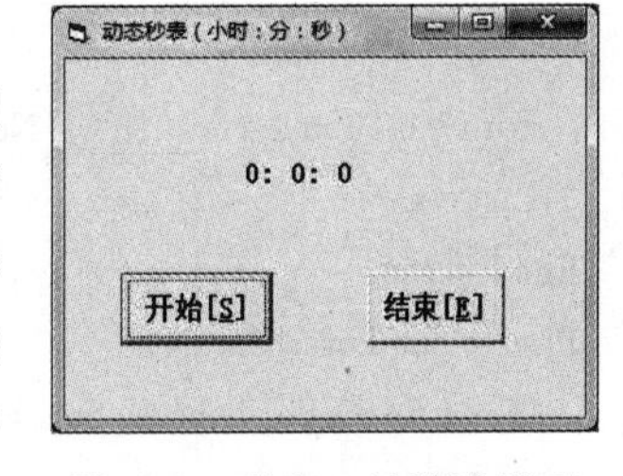

图 8.2 程序 1 的设计界面

程序代码如下：

```
Dim x As Long, h As Integer, m As Integer s As Integer
Private Sub Form_Load()
  Caption= "动态秒表(小时:分:秒)"
  Command1. Caption= "开始[&S]"
  Command2. Caption="结束[&E]"
  Label1. Alignment=2        '居中对齐
  Label1. Caption= "0:0:0"
  Timer1. Interval= __?__
  Timer1. Enabled=False
  x=0
End Sub
Private Sub Command1_Click()
  __?__
End Sub
Private Sub Command2_Click()
  Timer1. Enabled = False
  x= __?__
  Label1. Caption="运行了"+Str(h)+ "小时"+Str(m)+ "分"+Str(s)+ "秒"
End Sub
Private Sub Timer1_Timer()
  x=x+1
  h= __?__
  m=(x Mod 3600)\60
  s= __?__
  Label1. Caption=Str(h)+":"+Str(m)+":"+Str(s)
End Sub
```

（2）已知自然对数的底数 e 的级数表示如下：

$$e = 1 + \frac{1}{1!} + \frac{1}{2!} + \cdots + \frac{1}{n!} + \cdots$$

本程序利用过程 fact 求 e，其中绝对值小于 10^{-8} 的项被忽略。程序代码如下：

```
Private Function fact(m As Integer) As Single          '求 m! 的函数
  Dim x As Single, i As Integer
  x=1
  For i=1 To m : x= __?__ : Next i
  Fact=x
End Function
Private Sub Form_Click ()
  Dim e As Single, item As Single, n As Integer
  e=1
    n= __?__
    Do
```

```
        n=n+1
        item=___?___
        e=e+item
    Loop While ___?___
    Print "e=" ; e
End Sub
```

四、程序设计题

参考答案 8.2

(1) 随机产生 n 个两位正整数（n 由输入对话框输入，且 $n>0$），求出其中的偶数之和，并在标签框 Label1 上显示。注：程序写在命令按钮 Command1 的 Click 事件中。

(2) 由输入对话框输入 100 个数值数据放入数组 a，将其中的整数放入数组 b，然后运用冒泡法将数组 b 中的数据按从大到小的顺序排列，并以每行 5 个数据在窗体上输出。注：程序写在窗体 Form 的 Click 事件中。

8.3 模拟试题三

一、语言基础题

1. 判断题

（1）Variant 是一种特殊的数据类型，该类型变量可以存储除定长字符串数据及自定义类型外的所有系统定义类型的数据。Variant 类型变量还具有 Empty、Error 和 Null 等特殊值。

（2）窗体的 Enabled 属性为 False 时，窗体上的按钮、文本框等控件不会对用户的操作做出反应。

（3）框架（Frame）控件和形状（Shape）控件都不能响应用户鼠标的单击事件。

（4）在一个窗体中不能使用 Unload 语句来卸载本窗体，即一个窗体只能由其他窗体卸载。

（5）对于文件系统控件，当驱动器控件 Drive1 中的驱动器符改变时，文件夹列表控件 Dir1 中显示的文件夹也作相应改变，可以在 Drive1 中的 Change 事件中写入如下命令：Dir1. Path＝Drive1. Drive。

（6）在一个简单组合框的文本框中输入一个它的列表框中没有的条目时，组合框会自动把这一条目添加到它的列表框中。

（7）图片框的 Move 方法不仅可以移动图片框，而且还可以改变该图片框的大小，同时也会改变该图片框控件的有关属性值。

（8）当定时器控件的 Interval 属性值设置为 0 时，会连续不断地激发 Timer 事件。

（9）VB 提供的几种标准坐标系的原点都是在绘图区域的左上角，如果要把坐标原点放在其他位置，则需要使用自定义坐标系统。

（10）如果一个菜单项的 Visible 属性为 False，则它的子菜单也不会显示。

2. 单选题

（1）一个对象可以执行的动作和可被对象识别的动作分别称为（　　）。

A. 事件、方法　　　　B. 方法、事件

C. 属性、方法　　　　D. 过程、事件

（2）Form 的 Click 事件过程中有如下语句：

```
Label1. Caption="Visual Basic"
```

若执行本语句前，标签控件的 Caption 属性值为默认值，则标签控件的 Name 属性和 Caption 属性在本语句执行之前的值分别为（　　）。

A. "Label"、"Label"　　　　B. "Label"、"Visual Basic"

C. "Label1"、"Label1"　　　　D. "Caption"、"Label"

（3）（　　）对象不具有 Caption 属性。

A. Label　　　　B. Option

C. Form　　D. Timer

(4) Integer类型的变量可存的最大整数是（　　）。

A. 255　　B. 256

C. 32768　　D. 32767

(5) 下列数据类型中，占用内存最小的是（　　）。

A. Boolean　　B. Byte

C. Integer　　D. Single

(6)（　　）对象不能作为控件的容器。

A. Form　　B. PictureBox

C. Shape　　D. Frame

(7) 代数式 $\dfrac{a+b}{\sqrt{c+\ln a}+\dfrac{c}{d}}$ 的VB表达式是（　　）。

A. a+b/Sqr (c+Log (a)) +c/d

B. A+C>B And B+C>A And C>0

C. (a+b)/(Abs(c+Log(a))+c/d)

D. (a+b)/(Sqr(c+Log(a))+c/d)

(8) 已知A、B、C中C最小，则判断A、B、C可否构成三角形三条边长的逻辑表达式是（　　）。

A. A>=B And B>=C And C>0

B. A+C>B And B+C>A And C>0

C. (A+B>=C Or A−C<=C) And C>0

D. A+B>C And A−B>C And C>0

(9) 下面（　　），是日期型常量。

A. “12/19/99”　　B. 12/19/99

C. #12/19/99#　　D. {12/19/99}

(10) 若在图片框中用绘图方法绘制一个圆，则图片框的（　　）属性不会对该圆的外观产生影响。

A. BackColor　　B. ForeColor

C. DrawWidth　　D. DrawStyle

(11) 一个菜单项是不是一个分割条，由（　　）属性决定。

A. Name（名称）　　B. Caption

C. Enabled　　D. Visible

(12) 下面（　　）对象在运行时一定不可见。

A. Line　　B. Timer

C. Enabled　　D. Option

(13) 形状控件所显示的图形不可能是（　　）

A. 圆　　B. 椭圆

C. 圆角正方形 D. 等边三角形

(14) 以下（ ）方式打开的文件只能读不能写。

A. Input B. Output

C. Random D. Append

(15) 由 For k=35 To 0 Step 3：Next k 循环语句控件的循环次数是（ ）。

A. 0 B. 12

C. −11 D. −10

二、程序阅读题

(1) 运行时单击 Comand1 后，分别写出文本框 Text1、Text2 和 Text3 的 Text 值。

```
Private Sub Command1_Click()
  Dim n As Byte, x As Integer, y As Integer
  n = 0: x = 1: y = 0
  Do While x < 20
  n = n + 1: y = x + y: x = x * (x + 1)
  Loop
  Text1.Text = "n=" & Str(n)
  Text2.Text = "x=" & Str(x)
  Text3.Text = "y=" & Str(y)
End Sub
```

(2) 写出下列程序运行时单击窗体后 Form1 上的输出结果。

```
Function chg(a As Integer, b As Integer) As Integer
  Dim n As Integer
  For n = 0 To 2
   a = a + b
  Next n
  chg = a
End Function
Private Sub Form_Click()
  Dim a As Integer, b As Integer, z As Integer
  a = 1: b = 1
  For n = 1 To 3
   z = chg(a, b): Form1.Print "n="; n, "z="; z
  Next n
End Sub
```

(3) 写出下列程序运行时单击窗体后 Form1 上的输出结果。

```
Private Sub Form_Click()
  Dim x(5) As Integer
```

```
  x(1) = 8: x(2) = 3: x(3) = 1: x(4) = 6: x(5) = 4
  For i = 1 To 4
  For j = i + 1 To 5
  If x(i) < x(j) Then t = x(i): x(i) = x(j): x(j) = t
  Next j, i
  For k = 1 To 5
  Form1.Print "x("; k; ")="; x(k)
  Next k
End Sub
```

（4）写出下列程序运行时单击窗体后 Form1 上的输出结果。

```
Private Sub Form_Click()
  Dim a(2, 3) As Integer
  For i = 1 To 2
   For j = 1 To 3
   a(i, j) = 2 * i - j
  Next j, i
  For h = 1 To 3
    For k = 1 To 2
      Form1.Print a(k, h),
    Next k
    Print
  Next h
End Sub
```

三、程序填空题

阅读下列程序说明和相应的程序，在每小题提供的若干可选答案中，挑选一个正确答案。

（1）本程序统计 3～100 之间的所有素数个数，同时将这些素数从小到大依次写入顺序文件 E:\dataout. txt 中，素数的个数显示在窗体 Form1 上。

```
Private Sub Form_Click ()
  Dim count As Integer, flag As Boolean
  Dim t1 As Integer, t2 As Integer
  ___①___
  Count=0
  For t1=3 To 100
    Flag=True
    For t2=2 To Int(Sqr(t1))
      If ___②___ Then flag=False
    Next t2
  ___③___
```

```
    count=count+1
    Write #1, t1
    End If
  Next t1
  ____④____
  Close #1
End Sub
```

① A. Open E:\dataout.txt For Output As #1
   B. Open "E:\dataout.txt" For Input As #1
   C. Open"E:\dataout.txt" For Output As #2
   D. Open "E:\dataout.txt" For Output As #1

② A. t2 \ t1 =0　　B. t1 Mod t2=0　　C. t1 \ t2=0　　D. t2 Mod t1=0

③ A. If flag Then　　B. If t2>t1 Then
   C. If t1> t2 Then　　D. If t2>Int (sqr (t1)) Then

④ A. Print "素数个数:" count　　B. Print #1 "素数个数:"; count
   C. Print "素数个数:"; count　　D. Print "素数个数:": count

(2) 由输入对话框输入 n（设 n 为大于 0 且小于 30 的自然数），计算下列表达式的值，并在标签框 Label1 上显示。

$$\frac{1}{1\times 2}+\frac{1}{2\times 3}+\frac{1}{3\times 4}+\cdots+\frac{1}{n(n+1)}$$

```
Private Sub Form_Click ()
  Dim n As Integer,sum As Doudle,k As Integer
  n=Val(InputBox("n=","请输入自然数 0<n<30")
  Do ____①____
    N=Val(Inputbox("n=","请重输"))
  Loop
  sum=0
  ____②____
  Do
    k=k+1
    sum= ____③____
  Loop Until k>=n
  Label1. Caption="sum="+str(sum)
End Sub
```

① A. While n<=0 Or n>=30　　B. While n<=0 And n>=30
   C. Until n>=0 Or n<30　　D. Until n>=0 And n<30

② A. k=2　　B. k=1　　C. k=-1　　D. k=0

③ A. 1/(k * (k+1))　　B. 1/(k-1) * k
   C. sum+1/(k * (k+1))　　D. sum+1/k * (k+1)

(3) 本程序用于处理文本框 Text1. Text 中的内容，假设文本框中有偶数个字符。要求将文本框中的内容从两头至中间依次各取字符，组成一个新的字符串 Str2，并在窗体上输出。例如：Text. Text= "12345678"，则 Str2= "18273645"

```
Private Sub Form_Click ()
  Dim Str1As String, Str2 As String
  Str1=Textl. Text
  Str2="" : m=0
  Do ___①___
    Str2=Str2+ ___②___
    Str2=Str2+ ___③___
    m=m+1
  Loop
  Print Str2
End Sub
```

① A. While m<Len(Str1)/2　　B. While m<=Len(Str1)/2
　C. Until m>Len(Str1)/2　　D. Until m < Len(Str1)/2

② A. Mid (Str1, m, 1)　　B. Mid (Str1, Len (Str1) −m, 1)
　C. Mid (m, Strl, 1)　　D. Mid (Strl, m+1, 1)

③ A. Mid (Str1, Len (Str1) −m+1, 1)
　B. Mid (Str1, m, 1)
　C. Mid (Strl, Len (Str1) −m, 1)
　D. Mid (Str1, Len (Str1) −m+1, m)

四、程序设计题

(1) 用输入对话框输入 x，根据下式计算对应的 y，并在窗体上输出 y 的值。程序写在命令按钮 Command1 的 Click 事件中。

$$y=\begin{cases}\sqrt{x}+\sin x, & x>0\\ 0, & x=0\\ 2x^3+6, & x<0\end{cases}$$

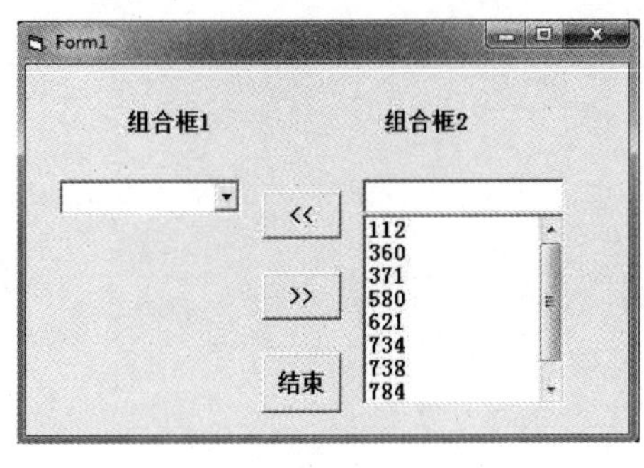

图 8.3　程序 1 的设计界面

(2) 用户界面如图 8.3 所示，用于实现左右两个组合框中数据的左移和右移功能。程序开始运行时，在左边组合框中生成 10 个由小到大排列的随机三位正整数(假设在设计阶段该组合框的 Sorted 属性值已设置为 True)，现要求完成：

(1) 单击">>"按钮，左边组合框中的 10 个数全部移到右边组合框，并由大到小排列，同时使"<<"按钮能响应，

“>>”按钮不能响应；

（2）单击“<<”按钮，右边组合框中的10个数全部移到左边组合框，并由小到大排列，同时使“>>”按钮能响应，“<<”按钮不能响应；

（3）单击“结束”按钮，结束程序运行。

部分程序代码如下：

```
Private Sub Form_Load ()
  Dim i As Integer
  Label1. Caption="组合框 1"
  Label2. Caption="组合框 2"
  CmdRight. Caption=">>"
  CmdRight. Enabled=True
  CmdLeft. Caption="<<"
  CmdLeft. Enabled=False
  ComboLeft. Text=" "
  For i=1 To 10: ComboLeft. AddItem Int(Rnd * 900)+100: Next i
  ComboRight. Text=" "
End Sub
```

参考答案 8.3

请分别编写3个命令按钮的单击事件。

第 9 章

Visual Basic 6.0 上机操作训练

通过上机操作训练巩固所需的 Visual Basic 6.0 基本语法知识，熟练程序设计和代码编写过程，为水利工程软件系统开发奠定基础。

9.1 溢洪道泄流量计算

在窗体上建立如下控件，并开发相应代码，程序设计要求及思路如下：

（1）在窗体上建立各个控件后，将 Label1～6 的 Caption 属性改为图示文字，将 Frame1 的 Caption 改为初始参数，将 Command1～3 的 Caption 改为计算、清空与退出，将 Text1～5 的 Text 的属性值清除，将图片框的名称改为 Pic。

（2）双击 Command1 为溢洪道的水深、流量编写代码，要求步长为 0.5 m。溢洪道泄流量计算公式为

$$Q = \varepsilon mb\ \sqrt{2gH^3}$$

式中：Q 为泄流量；ε 为侧收缩系数，$\varepsilon = 0.98$；m 为流量系数，$m = 0.4$；b 为堰顶宽度，$b = 20\text{m}$；H 为堰上水深。

（3）要求 Pic 框中打印的字体为 20 号。

（4）双击 Command2，为清空 Pic 框编写代码。要清空文字，使用 Pic. Cls 语句。

（5）双击 Command3，为退出 VB 的运行编写代码，可使用 End 语句。

控件设计及程序运行结果见图 9.1。

训练1

溢洪道水深-泄流量计算表

堰上水头（m）	堰宽（m）	泄流量（m3/s）
.5	20	12.27
1	20	34.71
1.5	20	63.76
2	20	98.17
2.5	20	137.2
3	20	180.35
3.5	20	227.27
4	20	277.67
4.5	20	331.33
5	20	388.06
5.5	20	447.7
6	20	510.12
6.5	20	575.19
7	20	642.82
7.5	20	712.91
8	20	785.38
8.5	20	860.15
9	20	937.15
9.5	20	1016.32
10	20	1097.6

初始参数

最小水深 0.5

最大水深 10

堰顶宽度 20

侧收缩系数 0.98

流量系数 0.4

计算　清空　退出

图 9.1　程序界面设计及运行结果

9.2　水利工程控件典型设计

操作演示 9.2

在窗体上引入一个组合框（Combo1）、一个图片框（Pic）、一个框架（Frame1），在框架内分别引入六个标签（Label1～6），将其外观属性改为 Flat，将各标签的标题按图示修改。组合框内的 List 项与各标签标题相同。程序设计要求及思路如下：

（1）窗体原始启动大小为($x0$，$y0$)＝(500，400)、(x，y)＝(9000，7000)。

（2）窗体变大与变小的过程，应使用 for－next 循环，并在其循环内使用 for i＝1 to 100000：next 的延时空循环，否则动态效果不明显。

（3）绘制正弦曲线，应先规定坐标，正弦曲线应使用弧度（0～2π）。

（4）清空时应将字符、图片及绘制的线条全部清除。

（5）由于组合框和标签框的操作代码完全相同，因此只需编写其中任一过程的代码，另一相同过程的代码只需引用即可，引用的代码是：对象名_过程名。如对 Label1（标题是：窗体变大）已编写了代码，在 Combo1_Click()过程中，若用户已经选择的文本是窗体变大，则直接写：Label1_Click 即可。即

```
Private sub Combo1_Click()
……
If Combo1. Text="窗体变大" Then
  Label1_Click
ElseIf ……
  ……
End If
```

控件设计及部分程序运行结果见图 9.2。

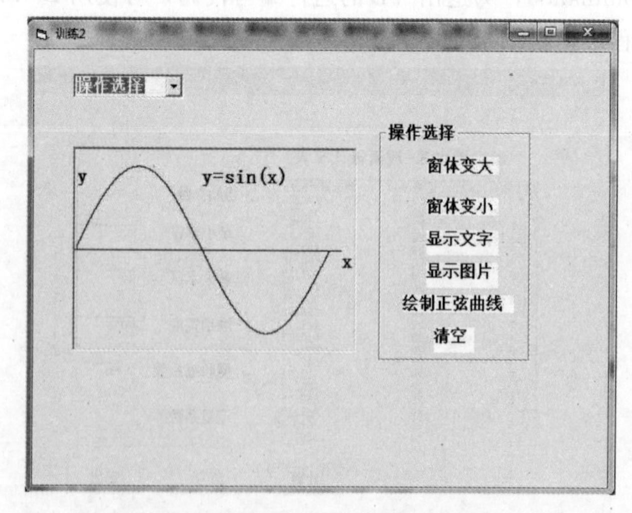

图 9.2　程序界面设计及运行结果

9.3 水利工程软件界面设计及三角函数运算

操作演示 9.3

在工程 1 中建立两个窗体，窗体 1 引入三个标签（Label1～3）、两个文本框（Text1～2）、一个命令按钮（Command1）和一个计时器（Timer1）；窗体 2 引入两个标签（Label1～2）、一个文本框（Text1）、一个列表框（List1）。程序设计要求及思路如下：

（1）用 Timer1 控制 Label1 的动画效果，见以下代码。在 Form_Load 过程中，规定 Timer1 的时间间隔，Label1 的字体大小（=10）、颜色和前景色。

```
Private Sub Timer1_Timer()
If Label1. FontSize <= 50 Then
Label1. FontSize = Label1. FontSize + 10
Else
Label1. FontSize = 10
End If
End Sub
```

（2）在 Command1（进入主页）的代码中，要求密码和姓名最多输入三次，该变量应为本过程的静态变量，当超过三次后，应出现信息提示（如：对不起，您的权限已用完!），此时将窗体 1 的功能取消（Enabled＝False），将 Timer1 的功能取消（Enabled＝False）；当小于三次时，应判断用户名对否，不对还应有提示；同时再判断密码对否，不对也要有提示，发生任一错误，应将光标定位在 Text1 中。当上述条件均满足后，让 VB 记住用户名（用户名应在窗体 2 中作为窗体 2 的标题，此变量是跨窗体使用，应在标准模块 Module1 中声明），关闭窗体 1（Unload Me），打开 Form2（Form2. Show）。

（3）在窗体的 Form_Activate 过程中，应首先使 List1 不可见。当用户单击 Label2（三角函数计算）时再使 List1 可见。

（4）在 Label1（打开 Word）单击时，首先应有对话（如：你确实要打开 Word 吗?），再根据选定的控制按钮（要求有：是，否，取消）值，判断是否打开；当 Word 打开后，应将 Text1 中的信息选定，粘贴到 Word 中。

（5）在 List1 的 Click 过程中，如用户单击复选框，选定了 sin(x)，则应弹出输入框，用输入函数将角度输入，在函数的计算过程中，应转换为弧度。并使用如下格式将计算结果写入 Text1 中：sin(30) ＝0.5

cos(30) ＝0.866⋯

……

为此，要求 Text1 应有多行显示功能和多向滚动条。

窗体 1 和窗体 2 的控件设计及程序运行结果见图 9.3 和图 9.4。

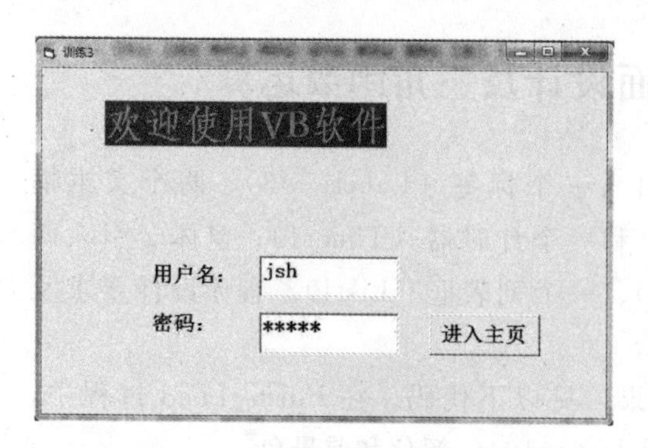

图 9.3　窗体 1 界面设计及运行结果

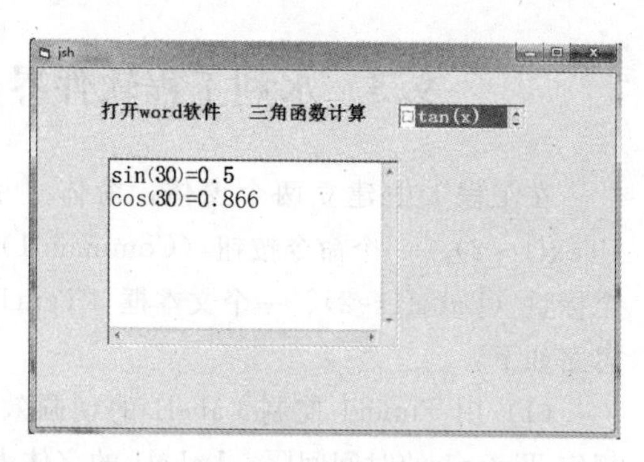

图 9.4　窗体 2 界面设计及运行结果

9.4　四　则　运　算

操作演示 9.4

在工程菜单→部件→控件中勾选“Microsoft Tabbed Dialog Control 6.0”控件，在窗体上建立选项卡（一行，2 卡），选项卡 1 的标题是四则运算。在该卡片中，首行控件依次为 Text1，Label1，Text2，Label2，Text3。两个 Frame1～2，其界面设计见图 9.5。程序设计要求及思路如下：

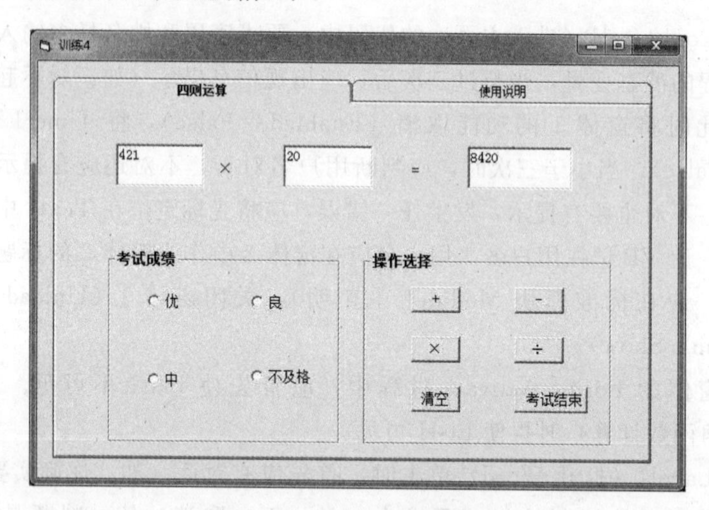

图 9.5　选项卡 1 界面设计

（1）在窗体加载时，Option1～4 均为非选定状态，只有当用户单击“考试结束”按钮时，系统才依据每人的答题情况，给出实际成绩。

（2）在操作选择中的命令钮，单击后，除为 Label1 提供＋/－/×/÷的标题外，还应在 Text1 和 Text2 中，由系统的随机函数自动产生（Text1 产生三位数，Text2 产生两位数）数据。最后将光标定位在 Text3 中，等待用户答题。

（3）当用户答题完毕后，应使用回车键。在回车的 Text3_KeyPress()过程中，应在 If KeyAscii＝13 Then（注：13 为回车键的 ASCII 码）的判断中，使用 Select Case 结构，对 Label1. Caption 进行判断。用户的答题数 m 和答对的题数 n，均应用

Public 进行声明。

（4）单击考试结束时，应给出考试成绩（分数≥90 为优，75≤分数<90 为良，60≤分数<75 为中，分数<60 为不及格，其余类推），当成绩为优或不及格时，应使用信息框给某同学不同的鼓励，最后使窗体 1 的功能失效，以禁止同学再操作。

选项卡 2 的标题为使用说明见图 9.6，其中控件、Word 艺术字等建立方法如下：

图 9.6 选项卡 2 界面设计

（1）在选项卡 2 的适当位置，引入 OLE 控件（对象连接与嵌入控件）→在插入对象中选新建→Word 文档→在菜单中选视图→工具栏→艺术字→艺术字按钮组中选插入艺术字→选字体样式→确定→输入艺术字，最后写入简单的说明。

（2）在 OLE 的属性窗体中，选外观（=0）、背景颜色、背景样式（=0）。

（3）利用同样的技术和方法，可以在 OLE 中插入您所需的图片、Excel 等文件。

9.5 采用二分法计算明渠水深

某恒定流渠道，拟选定两种设计断面。一为梯形明渠，二为矩形明渠。用试二分法计算当 $Q=50\text{m}^3/\text{s}$ 时的不同断面类型明渠水深 h，保留四位小数点。梯形渠道流量计算公式为

$$Q=\frac{\sqrt{i}(bh+mbh^2)^{5/3}}{n\left(b+2h\sqrt{1+m^2}\right)^{2/3}} \tag{9.1}$$

式中：渠底纵坡 $i=1/10000$，渠道糙率 $n=0.025$，底宽 $b=5\text{m}$，边坡坡度 $m=1.5$。

程序设计要求及思路如下：在窗体上 Frame1 中设 Text1～6，对应的标题为流量、纵坡、糙率、底宽、坡度、水深，在 Frame2 中设 Option1～2，对应的标题为梯形明渠、矩形明渠。注意当选定 Option2 时，边坡坡度和 Text5 应不可见。梯形和矩形渠道水深计算界面的控件设计及程序运行结果见图 9.7 和图 9.8。

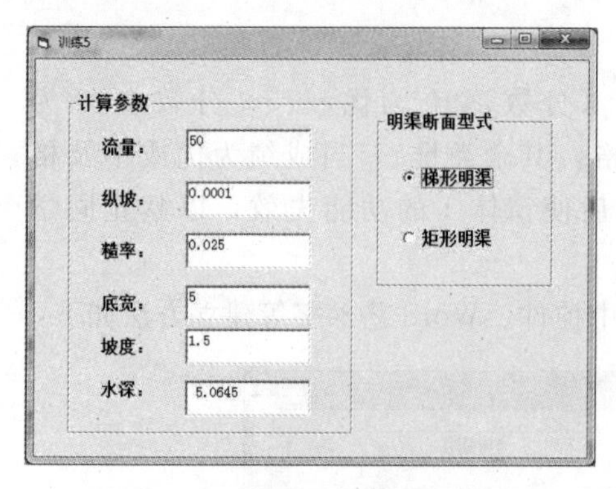

图 9.7　梯形渠道水深计算界面

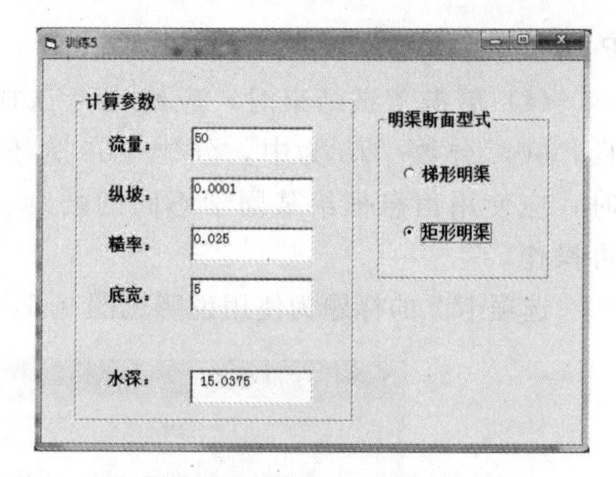

图 9.8　梯形渠道水深计算界面

9.6　定积分及素数输出

操作演示 9.6

在工程菜单→部件→控件中勾选“Microsoft Tabbed Dialog Control 6.0”控件，新建一个选项卡包含两栏“定积分计算”和“输出素数”。

选项卡 1 用梯形法求函数 $f(x)=2x^3+5x^2+x+1$ 在 $[a, b]$ 区间的定积分。函数 $f(x)$在$[a, b]$区间的定积分等于 x 轴、直线 $x = a$. 直线 $x = b$. 曲线 $y=f(x)$所围成的曲边梯形的面积，见图 9.9。分析思路如下：

(1) 将区间 $[a, b]$ 分成 n 等分，即将曲边梯形围成的面积分成 n 个小的曲边梯形，每一个小曲边梯形的面积近似等于相应梯形的面积，整个曲边梯形的面积近似等于所有这些小梯形的面积之和。

(2) 将区间 [a, b] 分成 n 等分后，每个小梯形的高均为 $h = (b-a)/n$，则

$$x_0=a,\ x_1=a+h,\ x_2=a+2\times h,\ \cdots,\ x_i=a+i\times h \tag{9.2}$$

(3) 对 n 个小梯形的面积求和，其中第一个小梯形的面积为：$[f(x_0)+f(x_1)]\times h/2$，…，第 i 个小梯形的面积为：$[f(x_{i-1})+f(x_i)]\times h/2$，可得定积分的值为

$$\int_a^b f(x)\mathrm{d}x \approx \sum_{i=1}^{n}[f(x_{i-1})+f(x_i)]\times h/2 \tag{9.3}$$

(4) $a = 2$，$b = 3$，$n = 60$ 的定积分计算结果见图 9.10。

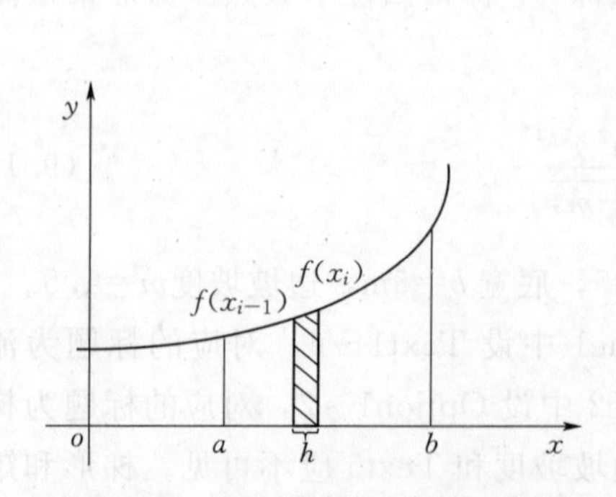

图 9.9　梯形法计算定积分示意图

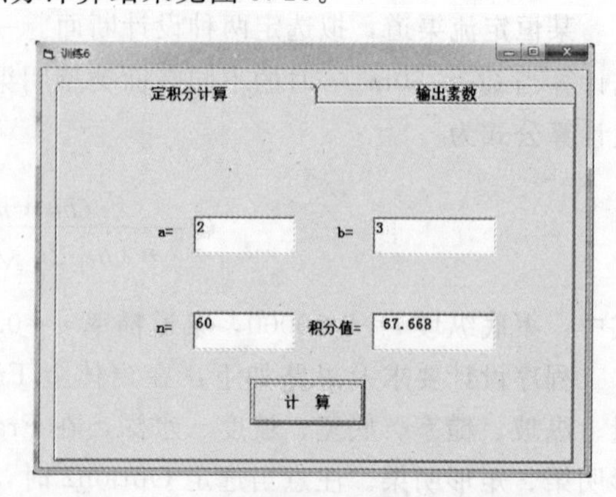

图 9.10　选项卡 1 定积分计算结果

选项卡 2 上的 Text1 上每行输出 10 个 1000 以内的数值大于等于 3 的素数，见图 9.11。素数是只能被 1 和它本身整除的数。判断一个正整数 $n(n \geqslant 3)$ 是否是素数的方法有如下三种：

（1）用 $2 \sim n-1$ 之间的所有整数去除 n，如果都不能整除 n，则 n 是素数，否则，n 不是素数；

（2）用 $2 \sim \sqrt{n}$ 之间的所有整数去除 n，如果都不能整除 n，则 n 是素数，否则，n 不是素数；

（3）假设 n 是素数，引入标志变量或开关变量（这种变量只有两种状态或两个值），用 $2 \sim \sqrt{n}$ 之间的所有整数去除 n，只要有一个整数能够整除 n，则 n 一定不是素数，改变标志变量的值，后面的整数不再需要判断是否能够整除 n，……，最后，查看标志变量的值，如果被改变，则 n 不是素数，否则，n 是素数。

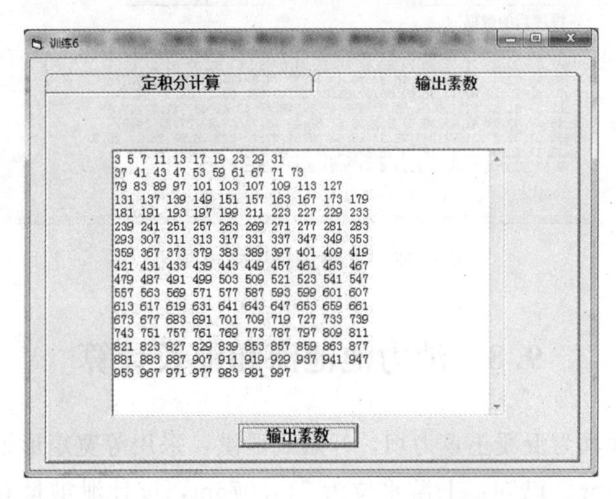

图 9.11　选项卡 2 上 1000 以内的素数输出结果

9.7　冒泡法排序

输入数组元素的个数 n，随机产生 n 个 $1 \sim 100$ 之间的含一位小数的单精度数放入一个一维数组中，并将这 n 个元素用冒泡（起泡）排序法按从大到小的顺序进行排列并输出，如图 9.12 所示。分析：设数组为 a，要实现数组元素互不相同，每产生一个元素 $a(i)$，将 $a(i)$ 与它前面的每一个元素，即 $a(1) \sim a(i-1)$ 进行比较，如果不相同则保留该元素值；否则，重新产生一个随机的两位正整数赋给 $a(i)$，再将 $a(i)$ 与它前面的每一个元素比较，直到不重复为止，然后，再产生下一个数组元素，……。

操作演示 9.7

冒泡（起泡）排序法：设数组 a 的 n 个元素分别为：$a(1) \sim a(n)$，将这 n 个元素用冒泡排序法按从大到小的顺序排列，需要经过 $n-1$ 遍扫描，每一遍扫描都从第 1 个元素开始，对相邻元素比较。

排序思路如下：第一遍扫描，从 $a(1)$ 开始到 $a(n)$，比较相邻元素，如果后面的元素大于前面的元素则交换，经过第一遍扫描，$a(n)$ 就是 n 个元素中最小的元素；第二遍扫描，从 $a(1)$ 开始到 $a(n-1)$，比较相邻元素，如果后面的元素大于前面的元素则交换，经过第二遍扫描，$a(n-1)$ 就是 n 个元素中第二小的元素；n 个元素需要扫描 $n-1$ 遍，每一遍扫描中需要比较不同的次数。

控件设计及程序运行结果见图 9.12。

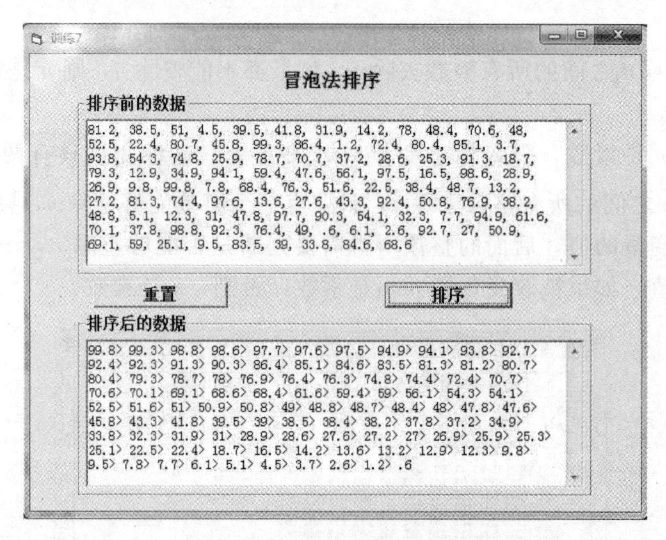

图 9.12　冒泡法排序输出结果

9.8　消力池池深和池长计算

操作演示 9.8

某山区水库大坝为混凝土重力坝，开敞式泄洪，采用等宽矩形平底消力池，下游河床高程为 700.00m。已知：上游水位为 714.076m，设计泄洪量 Q 为 $836m^3/s$，相应下游水位为 702.70m，溢流堰及消力池宽度 B 为 42.00m，流速系数 $\varphi=0.9$，消力池出流的流速系数 $\varphi'=0.95$，水跃淹没系数 $\sigma_j=1.08$，请编程分别计算消力池池深 d 和池长 L_k。

消力池程序界面设计及运行结果见图 9.13。

图 9.13　消力池程序界面设计及运行结果

9.9 某灌区某典型年余水量分析

已知某典型年的来水、用水见表 9.1。

表 9.1 某灌区某典型年来、用水量表

月份	1	2	3	4	5	6	7	8	9	10	11	12
来水量/万 m^3	30	80	268	580	790	840	1600	1300	700	300	50	70
用水量/万 m^3	150	250	800	700	600	500	300	400	550	600	300	200

程序设计要求及思路如下：

(1) 将有关数据写入记事本，保存起来。要有列表头。

(2) 由于记事本中的列表头和记录总数以及各数组在其他过程中也要使用，故应该用 Private 在窗体的通用_声明中对数组加以说明，列表头和记录总数用 Public 加以声明。

(3) 单击读取数据，先将图片框刷新，再将各数据读入到数组中（建议用 Do While Not Eof(1)语句）。同时将列表头和各记录显示于图片框（Pic1）中。提示：应按水文年显示（即：6 月、7 月、8 月、…、5 月）。

(4) 单击余水分析，应计算出各月的累计余水量，当某月用水量超过水库的累计余水量时，应在 Msgbox 中给予提示“本月不能满足用水要求”。同时将各月的来水、用水和余水显示在 Pic1 中和输出到外部 Text 文本文件中。

(5) 关于刷新和退出设计方法参考前面的章节。

程序界面的控件设计及程序运行结果见图 9.14。

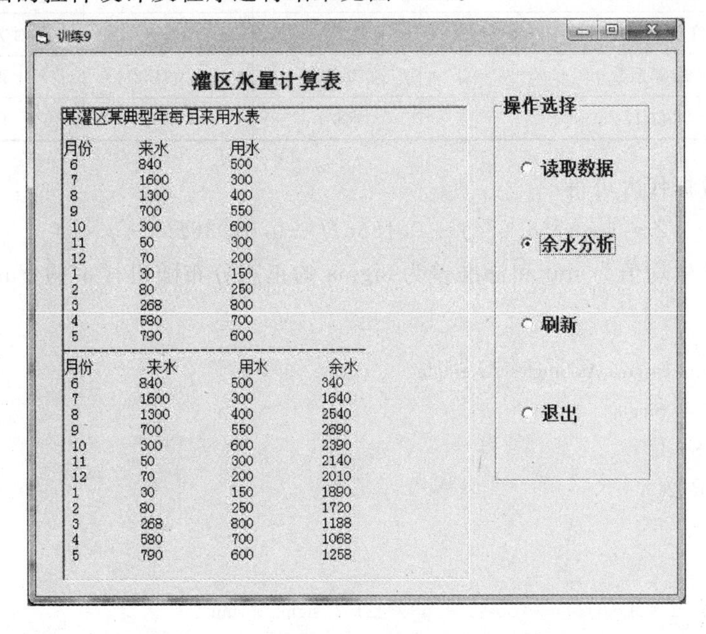

图 9.14 消力池程序界面设计及运行结果

9.10　重力坝抗滑稳定可靠度分析

操作演示 9.10

某重力坝如图9.15所示，随机变量的统计参数见表9.2，随机变量之间相互独立。请采用10万蒙特卡洛模拟方法（MCS）分别计算该重力坝抗滑失效概率和强度失效概率。

取沿重力坝轴线方向1m长的坝段进行计算，则沿坝基面抗滑稳定的极限状态函数为

$$Z=f\sum W-P \tag{9.4}$$

式中：$\sum W$ 为坝自重和铅直水压力之和（10kN）；P 为水平水压力之和（10 kN）。将有关数据代入可得

$$Z = 1643.5\gamma f + 5.87Hf - 114.7f - 0.5H^2 \tag{9.5}$$

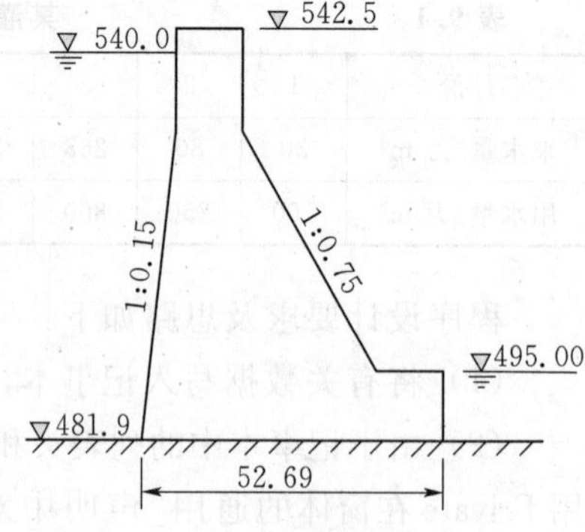

图9.15　重力坝剖面图（单位：m）

重力坝强度要求下游坝踵处的正应力不超过混凝土的容许抗压强度，相应的极限状态函数为

$$Z=[\sigma]-\left(\frac{\sum W}{T}+\frac{6\times\sum M}{T^2}\right) \tag{9.6}$$

式中：$\sum M$ 为坝自重和水压力对坝体底面形心矩之和（10kN·m）；T 为坝底宽，m。

表9.2　随机变量及分布参数

随　机　变　量	均值	标准差	分布类型
砌石容重 r/(10kN/m^3)	2.18	0.0654	正态分布
混凝土容许抗压强度 $[\sigma]$ /10kPa	257	71.6	对数正态分布
摩擦系数 f	0.72	0.09432	正态分布
水位 H /m	58.1	0.9877	正态分布

将有关数据代入可得

$$Z = [\sigma] - 8.474\gamma + 0.1856H - 0.00036H^3 - 3.404 \tag{9.7}$$

提示：产生均值为mu和标准差为sigma的正态分布随机样本的Function sta过程为

```
Function sta(mu, sigma As Single) As Single
  Dim r1, r2 As Single
  Dim pi As Single
  pi = 3.1415926
  r1 = Rnd
  r2 = Rnd
  sta = Sqr(-2 * Log(r1)) * Cos(2 * pi * r2) * sigma + mu
End Function
```

程序界面的控件设计及程序运行结果见图 9.16。

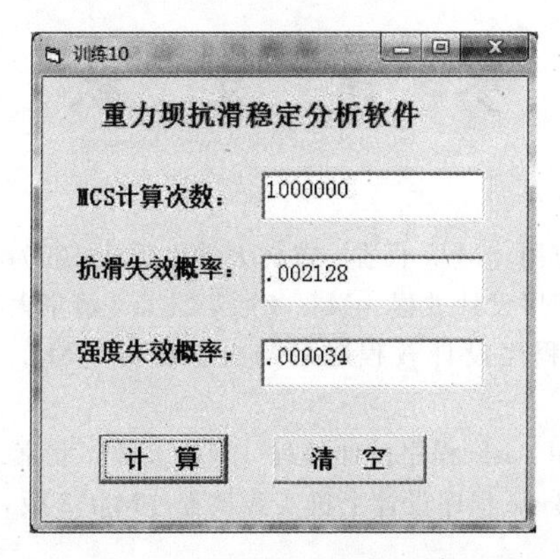

图 9.16 重力坝抗滑稳定可靠度分析软件界面及运行结果

参考文献

[1] 王怀章．Visual Basic应用［M］．长春：吉林大学出版社，2004.

[2] 刘炳文．Visual Basic程序设计教程［M］．4版．北京：清华大学出版社，2009.

[3] 刘炳文．Visual Basic程序设计教程题解与上机指导［M］．4版．北京：清华大学出版社，2009.

[4] 何振林，胡绿慧．Visual Basic程序设计教程［M］．2版．北京：中国水利水电出版社，2014.

[5] 何振林，罗奕．Visual Basic程序设计上机实践教程［M］．2版．北京：中国水利水电出版社，2014.

[6] 闫滨，颜宏亮．水工建筑物［M］．2版．北京：中国水利水电出版社，2018.

[7] 杨小林，刘起霞．水力学［M］．北京：中国水利水电出版社，2018.

[8] 李家星，赵振兴．水力学（上）［M］．南京：河海大学出版社，2001.

[9] 李家星，赵振兴．水力学（下）［M］．南京：河海大学出版社，2001.

[10] 王文川，邱林，徐冬梅，等．工程水文学［M］．北京：中国水利水电出版社，2013.

[11] 梁忠民，钟平安，华家鹏．水文水利计算［M］．2版．北京：中国水利水电出版社，2008.

[12] 旦木仁加甫．常用中长期水文预报Visual Basic 6.0应用程序及实例［M］．郑州：黄河水利出版社，2004.

[13] 扎西普顿．水利水电工程设计常用计算Excel应用程序集（水利大算盘）［M］．北京：中国水利水电出版社，2011.

[14] 张明．结构可靠度分析——方法与程序［M］．北京：科学出版社，2009.

[15] 赵国藩．工程结构可靠性理论与应用［M］．大连：大连理工大学出版社，1996.

[16] 周建平，党林才．水工设计手册：混凝土坝（第5卷）［M］．2版．北京：中国水利水电出版社，2011.

[17] Au S K，Cao Z J，Wang Y. Implementing advanced Monte Carlo simulation under spreadsheet environment［J］. Structural Safety，2010，32（5）：281－292.

[18] Low B K，Tang W H. Efficient spreadsheet algorithm for first－order reliability method［J］. Journal of engineering mechanics，2007，133（12）：1378－1387.

[19] Leclerc M，Léger P，Tinawi R. Computer aided stability analysis of gravity dams——CADAM［J］. Advances in Engineering Software，2003，34（7）：403－420.

[20] 蒋水华，张曼，李典庆．基于Hermite正交多项式逼近法的重力坝可靠度分析［J］．武汉大学学报（工学版），2011，44（2）：170－174.